★ 揭秘古代星空 传承中国文化 ★

仰望星空

中国历史里的天文密码

王玉民 著

李子靓 杨雨婷 周鹏宇 绘

人民邮电出版社

北京

图书在版编目（CIP）数据

仰望星空：中国历史里的天文密码 / 王玉民著；
李子靓，杨雨婷，周鹏宇绘. -- 北京：人民邮电出版社，
2022.9（2024.2重印）
　ISBN 978-7-115-59237-8

Ⅰ. ①仰… Ⅱ. ①王… ②李… ③杨… ④周… Ⅲ.
①天文学史－中国－青少年读物 Ⅳ. ①P1-092

中国版本图书馆CIP数据核字（2022）第081195号

内 容 提 要

　　走过千年漫漫长夜，撒落世间文明星辰。我们的古人通过对天象精深的观察，形成了丰富的宇宙观，并由此产生了朴素的哲学思想和人文情怀，形成了天人合一的文化传承。

　　本书通过中国历史上数十个真实的典故和事件，以及脍炙人口的民俗和传说，向青少年读者诠释了中国历史里的天文密码，不仅故事有趣，扣人心弦，而且配图生动，跃然纸上。书中还收录了与天文相关的诗词，供读者研读赏析。本书兼具科学性、人文性和教育性，是了解数千年中国文化的内涵与积淀、推进学校素质教育的难得佳作。

　◆ 著　　　　　王玉民
　　绘　　　　　李子靓　杨雨婷　周鹏宇
　　责任编辑　　张天怡
　　责任印制　　陈　犇
　◆ 人民邮电出版社出版发行　　北京市丰台区成寿寺路 11 号
　　邮编　100164　电子邮件　315@ptpress.com.cn
　　网址　https://www.ptpress.com.cn
　　北京尚唐印刷包装有限公司印刷
　◆ 开本：700×1000　1/12
　　印张：12.34　　　　　　　　　2022 年 9 月第 1 版
　　字数：163 千字　　　　　　　2024 年 2 月北京第 6 次印刷

定价：59.80 元
读者服务热线：(010)81055410　印装质量热线：(010)81055316
反盗版热线：(010)81055315
广告经营许可证：京东市监广登字 20170147 号

灿烂悠久的中国星座

　　亲爱的读者朋友们，如果你喜欢观察天文现象，或者对天文学比较感兴趣，那么你大概对星座有或多或少的了解。比如，一提起流星雨，你可能就会想到狮子座；一提起北斗七星，你或许就会想到大熊座。再如你也许了解，在冬夜就能看到猎户座，在夏夜就能看到天蝎座，等等。你可能还知道，这些星座并不是中国人划分和命名的，它们来自西方。许多星座名都出自古希腊神话，而且关于这些星座都有很多经典的故事。由于西方近代天文学的飞速发展，这些星座以其"法定"的划分标准、"法定"的名称为全世界所通用。

　　但是，你也许发现许多星星还有一个响亮的中国名字，如天狼星、织女星、轩辕十四、心宿二、北落师门……这些名字并不是我们现代人取的，它们在中国古代就有了。

　　古人给星星取了很多名字吗？当然了！细究起来，中国古代还有一套完整的星座体系呢！1000 多颗较亮的星星被古人划分成大大小小的星座，取了各种各样的名字。而且，星座的划分、取名都十分讲究，也十分有意思，涉及大量神话传说、历史典故，其丰富程度一点儿也不亚于古希腊神话中的星座故事。

　　人们为什么要划分星座呢？这是因为，星星大体是随意分布的，不但明暗不等，而且看上去间隔不一，几乎没什么规律。人们为了辨认、区分这些星星，就把它们分成许多组—— 每一组就是一个星座。既然星星分布得那么"凌乱"，人们在为星星分组时当然就可以随意发挥想象力了，所以不同的民族就划分出完全不同的星座。不过古人划分星座的思路是相似的，就是先用假想的直线将较亮的星星连在一起—— 一般是有意连成某种想象的图形，如动物、器具、建筑、人物等，然后给它们取相应的名字。

你可能已读过一些与星座相关的古希腊神话。那些神话情节生动、文化内涵丰富，令人印象深刻，以至于我们抬头看到某个星座，就常常联想到与之相关的情节。其实，当我们把目光投向星空时，如果心里装的是中国传统的星座体系，头顶的星空就会是蕴含着诸多中国神话传说、历史典故的世界！何况，中华文明是世界上唯一没有中断的文明，你可以想象，在如此悠久的岁月中形成的星座体系该是怎样地充满历史意义和文化内涵啊！

在现代社会，青少年除了要学好课内知识，还要通过阅读课外读物努力提高文化素养，尤其是对中国传统文化的了解多多益善。而要了解中国传统文化，读一读中国星座的故事就是一个很好的切入点。

读者朋友们通过本书不仅可以了解中国星座，还可以学习中国历史，以及掌握现代天文学的一些知识。

用画笔讲述中国的故事

　　我们上小学的时候就知道，古代中国和古埃及、古印度、古巴比伦共同作为人类文明的发源地而并称为四大文明古国。但随着时间的流逝、岁月的更替，只有中国成为唯一没有因外族入侵而中断历史文化的国家，其他三个古国都仅仅是在历史的长河中留下了一抹印迹。中国灿烂的历史文化流传下来许多故事，或激烈或悲怆，或睿智或迂腐，或凄美或苍凉，犹如天上的繁星般耀眼，其中好多故事也恰恰都和天上的星星有关。这也难怪，因为我们中国是世界上最早研究天文学的国家之一，"天人合一"的理念深植人心。

　　王玉民老师是著名的天文史家和天文科普作家，他在书中给我们讲了许多和天文有关的历史故事。那些我们耳熟能详的成语典故，比如斗转星移、牛郎织女、气冲斗牛；那些脍炙人口的诗词歌句，比如"七月流火，九月授衣""人生不相见，动如参与商"；那些现今生活中人们仍抱素怀朴的民风民俗，比如"二月二，龙抬头""七月七，乞巧节"；那些在历史上决定乾坤的重要战役和事件，比如以少胜多的淝水之战、赵匡胤杯酒释兵权、秦末时期的楚汉相争……原来都和天文有关。

　　为了帮助青少年朋友阅读本书，书中的插画我们采用了萌萌可爱的风格，就是想让画面更能被读者所接受。在王老师的指导下，我们仔细体会文字的内涵，把天象和星宿融合在插画里，就是想让画里有故事，画里有知识。希望这一幅幅插图，能让读者朋友们产生与中国历史文化的共鸣，加深对书中那一个个生动有趣的故事和传说的理解。愿每一位读者都能自由徜徉在星空之下！

李子靓　杨雨婷　周鹏宇

目 录

第一章

天上人间——
中国星座大观

提起星星，人们最熟悉的可能莫过于北斗七星和北极星了，再就是牛郎星和织女星。

按照古人的划分，它们所在的星座分别为北斗七星——北斗，北极星——勾陈，牛郎星——河鼓，织女星——织女。

比起西方的星座体系，中国的星座体系不但形式复杂得多，内涵也深刻得多！比如说，西方星座有 88 个，而中国经典星座到三国时代就已定型，多达 283 个。到了清代，因为可以观测到过去看不到的南天，星座又增加了 23 个。中国星座与西方星座的不同点是，中国星座一般只包括肉眼易见的星，对很多暗星不予考虑，因此有的星座星数很少，只包含两三颗星，甚至一座一星（如天狼星、大角、北落师门等）。西方 88 个星座各自独立，中国星座则太多了，因此就不得不分出等级，如"苍龙"可以看作一个大星座，它实际由角、亢、氐（dī）、房、心、尾、箕（jī）7 个星座组成；紫微垣（yuán）、太微垣等则是由许多小星座组成的星座集团。

另外，中国古代把星座称为星官。取这个名字，是因为古人认为很多星座都代表着人间的帝王、官职。不过星官这个名字对于现代人来说有点儿陌生，所以我们在这本书里不妨还称它们为星座，这样也更符合我们的语言习惯。

在讲述星座的故事之前，需要先向朋友们介绍一下中国星座的概貌和中国星座体系博大精深的内涵。

1. 中国星座体系——三垣二十八宿

大家在读《西游记》的时候，一定会发现其中多次提到"二十八宿（xiù）"。是的，在中国古代，二十八宿是 28 个非常重要的星座，它们首尾相接，环绕天空一周。古人在二十八宿包围的区域里面再建立起三垣，以它们为骨干，统领全天的星座，构成了一套中国星座体系——三垣二十八宿。

28 个 "月站"

我们先来看二十八宿。首先，二十八宿环绕天空一周有什么用？大家知道，地球绕着太阳公转，一年转一周，但是我们从地球上看去却仿佛不是这样——太阳仿佛在星空背景上移动，一年正好移动一圈，回到原位。当然这里说的可不是太阳的东升西落，太阳的东升西落现象是地球自转造成的，我们现在说的是地球公转，它使太阳在星空背景上缓慢地移动。虽然看到太阳的时候我们几乎看不到星星，不过可以通过在太阳落山后观察它周围的星星的变化推测出太阳的移动。

古人把一年内太阳慢慢走过的这条路叫作"黄道"。而且古人早就发现，月亮以及金、木、水、火、土 5 颗行星走过的路都在黄道附近。因为需要记录这些运动天体的位置变化，所以黄道附近的星空就显得格外重要，于是古人沿黄道把这部分星空大致分成 28 份，每一份叫一"宿"，合起来就叫"二十八宿"，即 28 个星座。

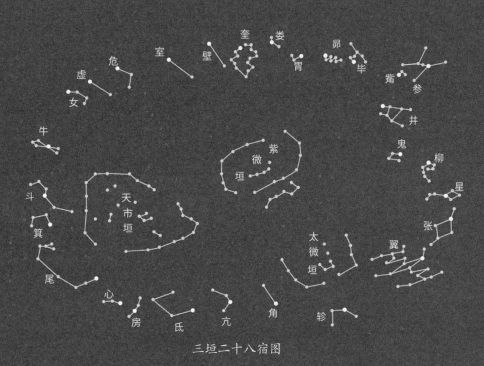

三垣二十八宿图

有的朋友也许会问，一个月不是平均 29.5306 天吗，怎么成了 27 天多？原来，平均 29.5306 天的月份叫朔望月，是以日月合朔为起始点、以下一次日月合朔为结束点。因为太阳、月亮都在星空背景中慢慢地向东行走，月亮走得快，每次追上走得慢的太阳后都需多走一段距离，这就形成了朔望月。如果减去多走这段距离的时间，就是 27.3217 天——这才是月亮绕地球的真正公转周期，因为参照物是恒星，所以叫恒星月。

明白了二十八宿是沿黄道分布的，你是不是联想到"黄道十二宫"？是的，二十八宿就类似于西方的黄道十二宫。西方把黄道分成 12 份，是因为一年有 12 个月；东方则既考虑了月亮的运动，又考虑了太阳的运动，所以把黄道分成 28 份。

月亮每天走一"站"

其次，为什么分成 28 份呢？这考虑的是月亮的运动。月亮在这条黄道带上运行，27 天多走一圈，古人凑了一个整数 28，建立了 28 个星座，让月亮大约一天走过一个星座。28 可以被 4 整除，这样记录太阳的运动时又可以将这二十八宿分成 4 份，每份相当于一个季节。瞧，古人考虑得还是蛮周到的！

最后，为什么叫宿呢？"宿"有停留和住宿的意思。古人想象，既然这些星座是为记录月亮的行程准备的，人间的车马在官道上都是日行夜宿，月亮似乎也该这样，所以就称这些星座为宿了，每一宿就是一家"月站"。

二十八宿被均分为 4 份时，人们又各用一动物的名字来称呼它们，即四象。

东方苍龙：角、亢、氐、房、心、尾、箕。

北方玄武：斗、牛、女、虚、危、室、壁。

西方白虎：奎、娄、胃、昴（mǎo）、毕、觜（zī）、参（shēn）。

南方朱雀：井、鬼、柳、星、张、翼、轸（zhěn）。

龙、虎、雀都是我们熟悉的动物形象，只有玄武有点儿陌生。其实，玄武是两种动物合一的形象——蛇绕龟体。至于东、北、西、南与苍（青）、玄（黑）、白、朱一一对应，这是中国传统科学要素的固定搭配。

四象造型图

皇宫、衙门、市场三座城池

三垣是什么呢？它们是3个巨大的星座集团。因为二十八宿绕黄道一周，恰好把天球分成了两部分，南半球有很多星星我们在中国看不到，所以古人更关注北半球。古人在二十八宿包围的北半球里面又设了三垣。"垣"是墙的意思，"三垣"即"三座用墙围出的城池"。古人巧妙地把三垣均匀地分布在一个三角形（大致为正三角形）的3个顶点的位置：以天北极为中心的叫紫微垣，另外两个分别叫太微垣和天市垣。

三垣又有什么用呢？前面说过，中国星座过去不叫星座，而叫星官。古人设这些星座并不是为了好玩儿，而是为了做严格的天地对应。他们把宫殿、帝王、朝廷百官等都搬到天上：紫微垣就是天上的皇宫，离天北极最近的亮星为帝星，天帝坐镇中央，旁边是后妃、太子、宦官等，周围则有宰相（丞）、内阁高级首领（枢、辅、弼）以及宫廷卫队等，这些内容后面再详细介绍。

太微垣对应人间朝廷的行政机构，是天帝、大臣处理国家政务的地方。中央是五帝座，旁边的星座为从官、太子、幸臣等，四周则分布着三公、九卿、五诸侯，还有上相、次相、上将、右执法、左执法等。除了各类官员，还有郎将、郎位、虎贲（bēn）等保卫人员。

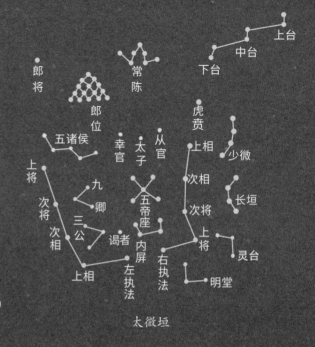

太微垣

天市垣就更有趣了。文人郭沫若有一首诗——《天上的街市》，他在诗中设想："我想那缥缈的空中，定然有美丽的街市。街市上陈列的一些物品，定然是世上没有的珍奇。"

其实，天上真有这样一座街市，那就是天市垣——一个国家级的综合贸易市场。可能是贸易事关人民群众生活的缘故，天市垣的面积比紫微垣、太微垣都大得多。既然是国家级的大市场，那就必须有政府的领导和干预，所以天帝——帝座，率领诸侯坐镇，而各诸侯组成垣墙。市场中有负责指挥、调控的中央政府大员 [天弁（biàn）九星]，有市场管理中心（市楼），有商店和摊点（车肆、列肆和屠肆，这里的"肆"是店铺的意思）。车肆指载着百货、沿街叫卖的车子，列肆即各类商店，屠肆包括宴饮、娱乐、住宿等场所。市场里还专门设立了若干计量监督部门，如帛度、斗、斛（hú）等。

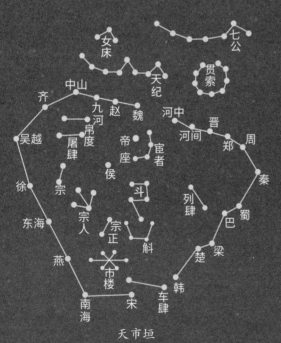

天市垣

❀ 其他各式各样的星座 ❀

除了三垣、二十八宿，古人还设立了其他各式各样的星座。这些星座更有趣，名字几乎对应三垣之外的一切事物，如河流、道路、桥梁、长城、战场、田园、车辆、动物、人物等，应有尽有。

我们知道，银河就是天上的一条"天然"河流。银河上共有6座桥梁——它们既是天上的交通要道，又是国与国之间的"税收关卡"和"边防前哨"。银河的南段有一个大星座叫"天渊"，相当于海洋，银河南流，就慢慢汇入这片海洋之中。银河两岸，"农丈人"种植着大片"天田"，水域中生活着"鱼""鳖（biē）""龟"等——这些水生动物资源既可供人们捕获食用，也是天帝的税收来源。天帝还直接派遣官员和家臣经营皇家园苑——"天苑""天园"，以供皇家游猎。天帝也有用于巩固皇权的军队，而军队有兵车、骑兵、步卒，三者由将领统率，兵车则行驶在"阁道""辇（niǎn）道"之上。天空中还有战场呢，而且划分战场是设立星座时的一出重头戏。天空中分布着北方、西北方、南方三大战场，里面兵马粮草、军备设施齐全，两军对峙、剑拔弩张，一场空中大战似乎一触即发。

总体来说，古人在划分星座时，几乎完全按人界的模式仿造了一个天界。而且，在中国星座体系中，每个星座按赤道经线最后都拱向北极，象征天帝统治一切，这也正是古代中国"普天之下，莫非王土"思想在天界的反映。

天文卡片

紫微垣为什么不在二十八宿包围的北半球的中心？这是因为二十八宿大致沿黄道分布，紫微垣中心的天北极是赤道坐标的北极。我们知道，黄道、赤道形成了23.5度的夹角，所以黄北极处在二十八宿包围的北半球的中心，而天北极所在的紫微垣就偏向一边了。

诗词赏析

西江月·夜行黄沙道中
【宋】辛弃疾
明月别枝惊鹊，清风半夜鸣蝉。
稻花香里说丰年，听取蛙声一片。
七八个星天外，两三点雨山前，
旧时茅店社林边，路转溪桥忽见。

2.九州与星宿的对应——分野

人们在日常生活中，经常把天文和地理并列或者对举，比如形容一个人知识渊博，就说他"上知天文，下通地理"。此外，古诗词中也有"地理南溟（míng）阔，天文北极高"这样对仗工整的句子。实际上，在古人眼里，天文和地理是密不可分的。古人有一套中华大地的地理形势与天上星宿的对应体系，这种对应叫"分野"。

奇妙的"天文""地理"对应

分野主要体现在二十八宿上。从大禹治水开始，中华大地就被分成了九州，后来古人就建立了中国各州（不止9个）与二十八宿的对应关系。据《晋书·天文志》的标准，天上二十八宿在地上的分野如下。

东方苍龙：角、亢 [兖（yǎn）州]，氐、房、心（豫州），尾、箕（幽州）

北方玄武：斗、牛（扬州），女、虚（青州），危、室、壁（并州）

西方白虎：奎、娄（徐州），胃、昴（冀州），毕、觜、参（益州）

南方朱雀：井、鬼（雍州），柳、星、张（周），翼、轸（荆州）

古人对星座做了这么多安排，到底想干什么呢？真的是想玩一局"空中大战"的假想游戏吗？当然不是。相反，他们认为这是一件极其严肃的事。他们的头脑中有一个重要的观念叫"天人合一"（也叫"天人感应"）。"天"的代表是天帝（民间叫"老天爷"），是一个有意志、有人格的神。古人认为，

古代分野图

天帝无时无刻不在观察着人间，并经常干预人间的事（降灾或降福），而且在行动前往往会给人一点儿警告和预兆——星象上的变化；人把有些事做得不合天帝的意时，天帝也会用星象给人以警告。

那么，九州之大，人口地域之多，天帝要怎么警告才显得有针对性呢？分野就是为解决这个问题而想出的方法。古人让某些星宿与九州的地域相对应，哪一宿出现了反常的星象，就标志着与之对应的地域要出事了。

古人还相信，天帝向人间示警，常用太阳、月亮、5颗行星经过某些天区来表现。日月五星总是在黄道带上"来往穿梭"，所以古人才在黄道带上设立了二十八宿，并把它们"分配"给中华大地的各个地域，以便通过日月五星与这些星座的相遇情况来占卜军国大事。

分野的来历

那么天地的这种分野（分配）是怎么确定的呢？可以肯定地说：不是验证出来的。古人没有被现代科学武装起来的实证、逻辑思维，星占思想就是神秘主义的产物，现代科学早已证明它们是靠不住的。但它们是怎么来的，却是文化和历史课题，需要我们搞清楚。根据天文史家陈久金先生的研究，这种"分配"的确定与华夏民族的起源与融合有关。

华夏地区周边早期有4个民族：东夷、西戎、南蛮、北狄。东夷分布在中国东部沿海地区，以龙为图腾；后来东夷中又分出了少昊一支，少昊向南迁移，与南方苗蛮集团融合，形成以鸟为图腾的少昊族。古西戎在今甘肃、陕西、四川一带，其中炎帝、黄帝支系最为强大，他们以虎为图腾并逐渐东迁；西戎的支系夏人在夏亡之后，有的北迁至高原成为匈奴之祖，有的南奔与越人融合，夏人以龟为图腾，越人以蛇为图腾，于是形成了蛇绕龟体的玄武。

这4个民族中最早出现的是东夷和西戎，他们的图腾形成了天上的东方苍龙星座、西方白虎星座，几十年前在河南濮（pú）阳古墓出土的龙虎蚌塑也证明了这一点。后来少昊、夏越的图腾南方朱雀、北方玄武也分别附在黄道带南北两段，成了星座名称。

天 文 卡 片

什么叫"黄道带南北两段"呢？大家知道，黄道与赤道间有23.5度的夹角，黄道带在天球赤道最偏北的一段，就叫"黄道带北段"，最偏南的一段则叫"黄道带南段"。

古人眼中的天地对应景象

我们可以做这样一番想象：在上古时，一个初春的晚上，一位聪明的观星者站在旷野中，看到正在东方闪烁的星座，就把它们想象为一条腾云驾雾的神龙，称东方苍龙；再仰望高挂于南天中的一些星座，把它们想象为一只赤色神鸟正在翱翔，称南方朱雀；而向西看，则把西方七宿想象为一头正要没入西天的猛虎，称西方白虎；这时，北方七宿无法见到——它们正在北天地平线之下，但观星者仍可以想象出一幅龟蛇图景，称北方玄武。东汉天文学家张衡曾经这样形容二十八宿："苍龙连蜷于左，白虎猛据于右，朱雀奋翼于前，灵龟圈首于后。"他的描述可以为我们这段想象做证。

分出二十八宿后，对应的地域也越分越细，分野就这样形成了。

古人展望四象

3. 星空中的三大战场

分野进一步延伸，就产生了星空中的北方、西北方、南方三大战场。

这三大战场，是为了占卜中原华夏与北夷、西戎和南蛮的战事而设立的。战场的地点和分布，与早期中原华夏和周边民族的实际状况完全对应。四象中，有三象作为战场。东方苍龙七宿属于中原一带，是华夏本土，没有战场；北方玄武七宿附近，是北方战场；西方白虎七宿周边，是西北战场；南方朱雀七宿一带，是南方战场。

抵御北夷的长城

我们先来看一下北方战场的阵容。

古人用斗、牛、女、虚、危、室、壁这北方七宿，象征北夷和北方的匈奴。它们一直都是中原强悍的敌人，所以历代中原统治者都为防卫北方民族的侵略投入了大量的人力、物力。为将这种状况反映到天上，古代天文星占家就在北方玄武七宿附近，设置了阵容庞大、地域开阔的北方战场。

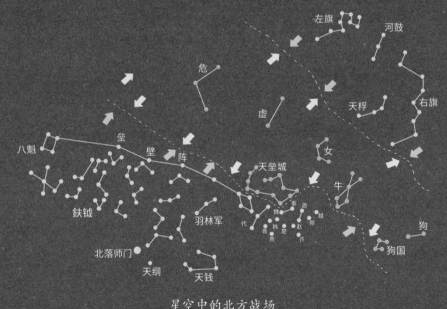

星空中的北方战场

斗、牛间有狗、狗国两个星座，象征着北方的犬戎民族。女、虚的南侧有天垒城，《甘石星经》称它"主北夷、丁零、匈奴之事也"。丁零和匈奴是汉代中国北方两个主要的少数民族，天垒城是他们进犯中原的堡垒。

诗词赏析

观沧海
【汉】曹操

东临碣石，以观沧海。
水何澹澹，山岛竦峙。
树木丛生，百草丰茂。
秋风萧瑟，洪波涌起。
日月之行，若出其中；
星汉灿烂，若出其里。
幸甚至哉，歌以咏志。

江城子·密州出猎
【宋】苏轼

老夫聊发少年狂，
左牵黄，右擎苍，
锦帽貂裘，千骑卷平冈。
为报倾城随太守，
亲射虎，看孙郎。
酒酣胸胆尚开张。
鬓微霜，又何妨！
持节云中，何日遣冯唐？
会挽雕弓如满月，
西北望，射天狼。

作为回应，中原统治者也建立了一个长长的前哨阵地，以抵御北方侵略者的进攻，这就是天垒城之南的垒壁阵。这个星座大致沿黄道分布，西起女宿南，东止壁宿南，宛如一道坚固的长城，把敌人全拦在北面。

垒壁阵后，是一个大部队——羽林军，这个星座共有45颗星。羽林军是皇帝的护卫军，应急时也派出作战，最早产生于汉武帝时期，意思是"为国羽翼，如林之盛"。羽林军如此壮观地出现在前沿阵地，说明皇帝可能御驾亲征了。

果然，羽林军南面有天纲星，表示天子之位。天纲即天上的大绳索，用于在军营里拉起帐幔，供天子坐镇。天纲的北面，是著名的北落师门（今南鱼座 α），这是秋夜星空中的一颗亮星，孤独地在南天闪耀。它的位置非常偏南，为什么叫北落师门呢？因为它开向北方军营。北落就是北方，师门即军门，连起来就是"北方军营的大门"——供军队进出。御帐天纲也设在大门之后，以避免与敌军正面接触。北落师门附近还有天钱星，它是军队的府库，也就是战争拨款的存放处。不远处甚至还有负责执行军法的、用于防敌军偷袭的星座。

在垒壁阵西面，十二国组成一条防线，它们由各路诸侯组成。调动各路诸侯开赴北方战场，能大大增强中原抵御北夷的力量。

对于牛郎星，朋友们一定很熟悉了，其实这是民间的俗名，在古代天文星占家那里，它有一个专名叫河鼓二（即河鼓星座的第二颗星）。河鼓是一面军鼓，后面的天桴（fú）是鼓槌，左右的左旗、右旗是军旗，它们被安插在天河边，与羽林军遥遥相对，起着鼓舞士气、指引作战的作用。

古人是怎么通过观测这些星座来预测战争的呢？比如，垒壁阵突然变得很明亮，变得很明亮，可能就是匈奴来袭的信号；某颗行星在路过狗国时停留了一下，与这颗行星对应的国家可能就要有祸事了；等等。这种预测在古代是非常深奥的学问，只有极少数人懂，我们明白这个道理就可以了。

争夺西域的走廊

下面再看西北战场。按中华的 4 个方位，西方白虎七宿奎、娄、胃、昴、毕、觜、参一带本应叫西方战场，但中原的正西方向因为有青藏高原作为屏障，真正的外患很少，外患主要来自西北方向（从河西走廊到西域），所以就叫西北战场了。

西北战场的出发点在军南门——它在奎宿的北面，是西北军营的南门，南门外是仙后座的王良（后面我们会讲到他的故事）、阁道等星座。这里离紫微垣不远，可以想象，一旦发生战事，天帝就会派出将帅领兵，由王良驾车，沿阁道进入军南门，与在当地驻守的兵马汇合。军南门附近的天大将军是西北战场军队的统帅。奎宿、胃宿已被我方占领，奎宿成了在前线驻兵的军营，胃宿成了存放军用物资的库房。

在毕宿和昴宿之间，天街跨黄道，是中原和西北夷狄的分界处。具体地说，街北是夷狄人的地盘，街南属于中原地域。至于毕宿和昴宿，它们代表着胡人。古书说"毕宿动摇，西北有战事"；而昴宿就是著名的昴星团，肉眼能见的 6 颗星，看上去密如乱麻，被古人想象为"披头散发"的胡人。

天街北侧还有砺石。砺石是什么？就是磨刀石，象征敌人在"磨刀霍霍"。再往北是著名的五车，它表示已攻入胡人地界的中原战车。

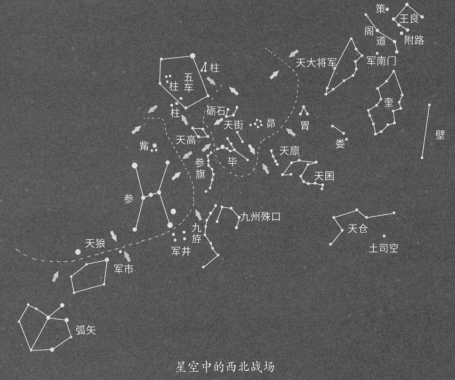

星空中的西北战场

天文卡片

宋代文学家苏轼有词"西北望，射天狼"。一些懂点儿星座知识的人说，这个描述错了，因为天狼星在南天，朝西北方向望是看不到天狼星的；也有人说，这是比喻，以天狼星比喻胡人，而胡人在西北。其实这两种说法都不是很确切，我们看一看星图中的星座布局就明白了：弧矢的箭正是指向西北，原来"西北望"是从弧矢的视角看的（注意星图的方位是左东、右西）。

在我国北方，人们把天狼星称为"二毛郎"，有"大毛郎出，二毛郎赶，三毛郎出来白瞪眼"的谚语。"大毛郎"即长庚星（晚上看到的金星），"三毛郎"是启明星（早晨看到的金星）。这句谚语是说人们在一夜间可能看到3颗最亮的星星：天刚黑时，长庚星先出现了，然后天狼星升起赶了上来，等快天亮时启明星又从东方出现，随后天空渐渐变亮，启明星消失，故称"白瞪眼"。民间以为长庚星、启明星是两颗星，其实是1颗星，只是交替出现。

而天街南侧配备了很多军用设施，边界有天高——将士观测敌情的台子，有高耸的军旗——参旗星，再向南有九州殊口。殊口指通两国语言的人，作战时作为帮助双方沟通的翻译官。

再往南，有军井、军市，它们是前线部队的后勤保障部。军市旁边有一著名的"弧矢射天狼"造型。弧矢即弓箭。天狼星是最亮的恒星，但古人一直认为它是一颗"灾星"，希望它越暗越好。因为它也代表胡人，战国诗人屈原就有"举长矢兮射天狼"的诗句。那它为什么会在我们的阵地中？因为星星不能像棋子那样被随意挪动，天狼星只好被搁在这里成了胡人的一块"飞地"，否则早被古人挪到天街北去了。

西北望，射天狼

征服南蛮的兵马

最后我们再看一看南方朱雀七宿井、鬼、柳、星、张、翼、轸所在的南方战场。

因为当时南方民族的势力相对较弱，所以这个战场比较小，覆盖面不大。轸宿是战场的核心，4颗星的连线组成一个不规则的四边形（对应今乌鸦座的4颗星）。轸即车子，四边形代表4块木板围成的车厢，所以轸宿又名天车。四边形的左上角、右下角外各有一颗小星，名为左辖、右辖。辖是指车轮轴上插着的小铁棍，可以保证轮子不脱落，是关系到车子是否耐用的关键部件。轸宿在分野上属于长江以南湖广一带，有趣的是，轸宿四星里含着一颗小星，名为长沙，它就代表现在的长沙市。

轸宿之南的库楼，代表军车车库和部队营房，是为对付南蛮长期驻守的军营。骑阵将军为统帅，率领着骑官、从官、车骑等辅将和积卒兵士，随时准备出征。

库楼的西面有阳门，它能为军队提供给养，南面有著名的南门（今半人马座 α，即南门二），北面有天门。由于南方战场对付的主要是南方朱雀的张、翼、轸对应的南蛮，而南方战场十分偏南，军队不可能再向更南的未知星座开战，所以古人就令北面的天门成为进入战场的门，这样轸宿这辆车（与五车相比，是辆轻车）就成了前锋，并对长沙形成了包围之势。

诗词赏析

过零丁洋

【宋】文天祥

辛苦遭逢起一经，
干戈寥落四周星。
山河破碎风飘絮，
身世浮沉雨打萍。
惶恐滩头说惶恐，
零丁洋里叹零丁。
人生自古谁无死？
留取丹心照汗青。

　　古人常通过观察这些星座的明暗、颜色、移动（多数是大气现象），以及其与行星、月亮的掩犯（这是天文现象）来占卜战场的形势：边境是否和平，边关是否战事紧急，将士的士气是否旺盛、是否战则能胜，等等。

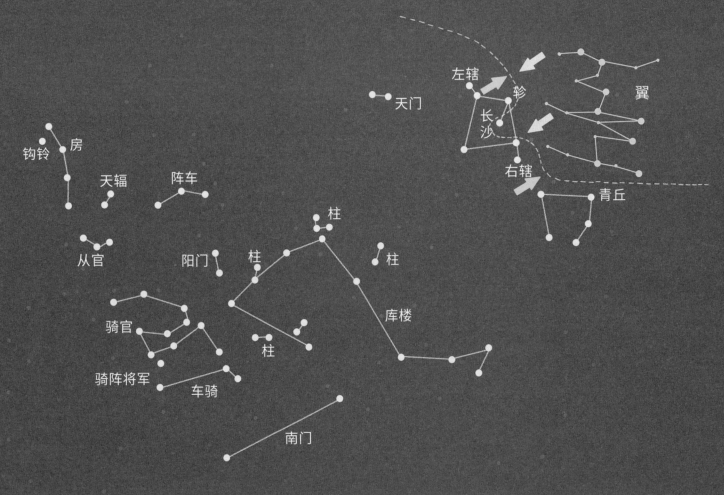

星空中的南方战场

第二章

天上群星朝北斗

天 文 卡 片

星等，是对恒星和其他天体的亮度的一种量度。早在古希腊时期，天文学家喜帕恰斯（又译为依巴谷）就把肉眼可见的最亮星定为 1 等，最暗星定为 6 等，中间的星星则凭感觉依次定为 2 等、3 等、4 等、5 等，这种分法被沿用下来。到近代，科学家发现，"等"完全可以转化为精确的"数据描述"。原来星等每差 1 等，亮度就差约 2.512 倍。如果星等差 5 等（如 1 等星与 6 等星），亮度就恰好差 100 倍。这样可以测得北极星是 1.98 等，织女星是 0.58 等，天狼星是 −1.46 等。星等之间有一种美妙的和谐关系，所以这种分法非常实用。唯一的不足是，更亮的星要用 0，甚至负数表示星等，这常令初学者感到不习惯。

中国星座涉及很多神话故事、历史典故。我们从何说起呢？还是像此前辨认星座一样，从最熟悉的星座——北斗讲起吧！

北斗可能是我们在刚对星空感到好奇的时候，最早认识的星座之一。它一共有 7 颗星，连线像一只大勺子。古人把它想象成一只斟（zhēn）酒用的斗，前 4 颗星是斗勺，后 3 颗星是斗柄。因为它在北天，所以叫北斗。它的周围没有其他亮星，加上这 7 颗星的亮度又差

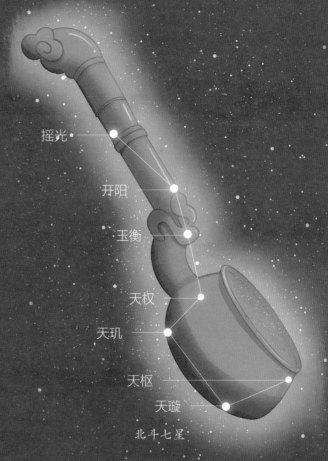

摇光
开阳
玉衡
天权
天玑
天枢
天璇

北斗七星

不多（除了第 4 颗星稍暗以外，其余都是 2 等星），所以它非常醒目。古人为这 7 颗星各取了一个名字。另外，按西方星座的划分方式，北斗属大熊座尾巴的一部分，但在中国，它就是单独的一个星座，可见古人对它的重视程度。

北斗离天北极比较近，随着地球的自转不断绕着天北极旋转，一夜之间就会在北天转半圈，剩下的半圈在白昼转完。为此，古人还创造了

成语"斗转星移"，用来形容时间的流逝。另外，随着四季的变化，天黑后我们看到的北斗的位置都是不同的。北斗的位置一变，斗柄所指的方向也就变了，所以古书《鹖（hé）冠子》说："斗柄东指，天下皆春；斗柄南指，天下皆夏；斗柄西指，天下皆秋；斗柄北指，天下皆冬。"

由于天北极是不断移动位置的，在古代，天北极离北斗比较近。在公元前 5000 年，北斗简直可以被粗略地看作天北极，那时全天所有的星星仿佛都在绕着北斗转动，所以流传下来"天上群星朝北斗"的说法。

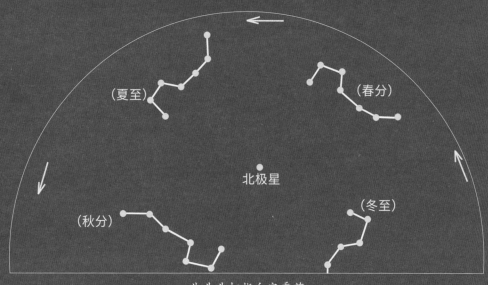

北斗斗柄指向定季节

天 文 卡 片

《鹖冠子》，是先秦时期的著作。这部书中有一些天文学内容，其中较著名的就是"斗柄东指，天下皆春……"这段话反映的是北斗的周年视运动。由于地球绕太阳公转，黑夜总在背对着太阳的一面，我们晚上看到的星空总是随着太阳的移动而逐渐改变的，这样我们每天晚上看到的北斗位置也在逐渐改变。不但北斗如此，我们晚上看到的整片星空也会因季节的不同而改变，于是四季的星空分别被称作春夜星空、夏夜星空、秋夜星空和冬夜星空。而我们在一夜之间看到的北斗旋转和星星东升西落是地球自转造成的，是周日视运动。

1. 颜超"贿赂"南北二斗神

诗词赏析

答王十二寒夜独酌有怀
（部分）

【唐】李白

昨夜吴中雪，
子猷佳兴发。
万里浮云卷碧山，
青天中道流孤月。
孤月沧浪河汉清，
北斗错落长庚明。

我们在学习地理时一般都学过北斗有一个重要用途——指示方向。在北天找到北斗星后，把勺头的两颗星连成一线并向勺口方向延伸出一条直线，一直到勺头两星跨度 5 倍远的地方，就是明亮的北极星，北极星所在的方向就是正北。

因为北斗有这样重要的用途，所以它在古人心目中的地位一天比一天高，后来竟成了主管人间生死的星座。东晋时期干宝撰写的神异小说集《搜神记》中有这样一个故事。

延长5倍

北斗七星

通过北斗寻找北极星

　　有一个叫颜超的人，他父亲请会算命的管辂（lù）给他相面。管辂说："你面相不好，有早逝的预兆。"颜超一听十分着急，便问有没有补救的办法。管辂闭目掐算了一会儿，说："卯日那天，你带上一大包煮好的鹿肉和一大壶清酒，去某某山中，那儿有一片割过的麦地，麦地南边有一棵大桑树，树下有两个下围棋的仙人，你什么也不用说，用酒肉服侍好他们，自然就会有人救你了。"

　　于是，颜超在卯日这天带足了酒肉赶到山中麦地南边的那棵大桑树下，果然见到两个仙人在那儿下围棋。颜超便悄悄地走近，将酒斟好、肉分好，摆在棋盘两边，自己则站在一侧观棋。这两个仙人沉迷于下棋，不知不觉摸过酒肉就吃喝起来，不到半个时辰，就把颜超的酒肉都享用光了。这时棋还没有下完，坐北边

南北二斗神下棋

诗词赏析

金陵杂兴二百首·其一百四十九

【宋】苏泂

南台北榭隔飞烟，
绿水朱桥思渺然。
月下闲来看箕斗，
傍人指点似神仙。

的仙人抬头一看，说："你不是颜超吗？这酒肉是你的吗？"颜超恭敬地回答："是。"仙人说："你的寿数已尽，还来这儿干什么？"这时坐在南边的仙人发话了："老哥，你刚吃喝了人家的东西，怎么能这样无情呢，给人家添几岁吧！"坐在北边的仙人说："生死簿子都定好了，怎么添？"

南边的仙人说："你不好意思，我替你办。"说着，他向坐北边的仙人要来一本大簿子，翻开其中一页，见上面写着："颜超，一十九岁。"坐南边的仙人在"一"字上加了两笔，"一十九岁"就成了"九十九岁"。

结果，颜超真活到了99岁。原来这两个仙人，坐在北边的就是北斗神，坐在南边的是南斗（二十八宿之一）神。古人认为"南斗注生，北斗注死"，所以北斗神的簿子决定着人的寿命。看来神仙也是能通融的，这真是"神仙更有神仙着，毕竟输赢下不完"。

北斗真有这么大的作用吗

北斗为什么能决定人的寿命呢？这还是与北斗能指示方向有关。在古代，由于交通不发达，人们进行远距离的信息沟通十分困难，出去打猎觅食非常容易迷路，这样北斗就成了为人们指路的"灯塔"，最后更是被人们崇拜为天上的神。

明末清初，有个大学问家叫顾炎武，他说过："三代以上，人人皆知天文。"这里的"三代"指的是夏、商、周三代。在那时，每个人都必须学会辨认一些星星，因为古代的社会生活方式简单，群体间的交往相对较少，因此每个人都必须能独立通过观察星星来辨认方向、估计时间、判断季节等，否则生存就会受到威胁。

2. 王莽铸"威斗"仪仗

前面我们提到，距离天北极最近的那颗星代表天帝，而北斗总是绕着天帝星昼夜不息地转动，所以北斗又被看作天帝乘坐的车子。西汉司马迁在《天官书》中说"斗为帝车，运于中央，临制四乡"，意思是，北斗是天帝坐的车子，天帝以中央为枢纽，坐在车上一刻不停地巡视四方。

东汉时的墓碑石刻"斗为帝车图"，刻的就是北斗，勺头4颗星是车座，一个戴帝王冠冕的人坐在中间，其余3颗星相当于车辕。这辆车没有车轮，

知识拓展

《天官书》收录于"二十四史"之首《史记》，系统、全面地总结了西汉以前的天文知识，详细叙述了全天星座，还列举了众多天象、行星的运动规律等。

斗为帝车

它是腾云驾雾的。

北斗有这么高的地位，所以历代帝王都对它极其崇拜。但是，有时崇拜过了头，就会变得很荒唐。下面我们讲一个王莽与北斗的故事。

{王莽篡位}

西汉末年，朝廷出了一个叫王莽的权臣，他是皇帝的外戚，后来官至大司马，掌握最高的军权、政权，成了一人之下、万人之上的人物。虽然如此，但他一直表现得非常谦卑，对外保持着鞠躬尽瘁、为国事操劳的忠臣形象。比如，当王莽把自己 14 岁的女儿许配给皇帝刘衎（kàn）做皇后时，朝廷赏赐王莽两县的土地和一万万钱的聘礼，但王莽拒绝接受，把钱都捐出去救济灾民了。这一举动让全国百姓都颂赞他是亘古未有的圣贤。

等他笼络够了人心，权倾朝野，连皇帝都对他言听计从时，他意识到自己已经是无冕之王，就不再谦恭了。他认为大汉气数已尽，自己该当皇帝了。于是在公元 8 年，他废掉了 3 岁的皇帝孺子婴，自己登上王位，改国号为"新"。

如果王莽能把国家治理得很好，无论是当时的人还是后人，也许都会心悦诚服地承认这个王朝。不料，靠"两面派手法"起家的王莽，野心与能力并不匹配。他特别向往先儒在书中描写的古代理想社会，于是就对全社会大动"手术"，搞托古改制，从官制、法令、货币、赋役到行政区划，想改什么就改什么。光赋税一项，就改得让农民的耕种所得还不够用于缴税，导致家家衣食无着，尚未饿死的农民只好起来造反。

铸威斗做仪仗

于是，王莽又冒出个主意：既然北斗是帝王之车，那么模仿北斗的形状造一个神符，它一定内能保佑自己稳居王座，外可帮助自己击退乱民。于是他命人设计铸造了一件东西，取名"威斗"。威斗是用铜掺入五色石铸的，形状像北斗，长二尺（汉代 1 尺约合 23.1 厘米）五寸（10 寸为 1 尺）。从此，王莽睡觉时把威斗放在龙床边，上朝时搁在御座旁，出行时则让人举着走在皇辇前做仪仗。

但农民造反愈演愈烈，终于爆发了全国性的大起义。公元 23 年，起义军的一支——绿林军攻入长安城，与官军展开了激战。眼见绿林军就要逼近皇宫了，王莽便率随从来到未央宫前，手执威斗席地而坐，一副运筹帷幄（wéi wò）、决胜千里的样子。他还让天文官时刻报告北斗的方位，以便调整自己的朝向和威斗的方向，以与天上的北斗保持一致——由此动作，可见王莽做皇帝根本不够格，他铸造威斗蒙骗别人也就罢了，没想到他连自己也骗。

威斗也没能保住王朝

眼见绿林军就要攻进来了，王莽只好率亲兵跑到渐台（负责时间历法事务的天文台，天上的星座也有一个叫渐台的，在织女星旁）。渐台在一个大水池中央，王莽想凭水阻挡，或许能多挺一会儿。这时他还怀抱着威斗不放。绿林军将渐台重重包围，先射箭，最后短兵相接，王莽的卫兵死伤殆尽。傍晚，绿林军终于攻到台上，王莽被杀，新莽政权才持续十余年就垮了台。

唐代诗人白居易有诗："周公恐惧流言日，王莽谦恭未篡时。向使当初身便死，一生真伪复谁知？"的确，如果王莽在谋取大汉政权前就

诗词赏析

夜宴词

【宋】四锡

天如瑟瑟盘，
恢廓亿万里。
古称天倾西北半在地，
夜转繁星磨海水。
逶巡转上星彩高，
北斗未定光飘飘。
楚王夜入章华宴，
红绡烛笼满宫殿。
美人歌舞云雨迷，
不知寒漏催银箭。

死去，或许会留下一个辅佐幼主的诸葛亮式的人物形象，也许还有"王莽祠"供我们瞻仰呢。可现在，我们只好依据史实一起去贬斥他了。

"周公恐惧流言日"是什么意思呢？后面讲"井国始祖姜子牙"时我们就知道了。

把北斗作为礼器本来是非常好的创意，可以想象，皇帝出行时，前面有人举着北斗做仪仗，肯定很威风。可惜这威斗因王莽的故事变得非常不吉利，因此以后的皇帝没人敢再用这东西，只是偶尔有用威斗当随葬品的。

王莽抱威斗　凭水隔绿林

3. 魁星代表才高八斗

朋友们可能听说过"魁星"这两个字眼，那么魁星是什么星呢？原来，魁星也是北斗神。北斗的前4颗星合称魁星，是主宰人世间文运的神，正因为如此，古代文人拜魁星拜得很勤。

中国很多地方都建有"魁星楼"或"魁星阁"，正殿设魁星的造像。没见过魁星像的人也许会想，既然魁星是主管文运的，那他一定是一位文质彬彬的书生吧？恰恰相反，魁星面目狰狞（zhēng níng），赤发环眼，头上还有两只角，十分丑陋。魁星像，总是右手握一支大毛笔（称"朱笔"），左手持一只墨斗，右脚独立，踩着鳌鱼（一种大龟）的头，意思是"独占鳌头"，左脚扬起后踢，脚底是北斗。

魁星的"成长"经历

古代有一个秀才，名字已不可考，姑且就直接叫他魁星吧。此人聪慧过人，才高八斗，过目成诵，出口成章，可长相奇丑，满脸麻子，一只脚还跛（bǒ）了。他因此在面试时屡屡失败。但是他的文章写得实在太好了，多年后他终于一次次名列榜首，进入殿试。

才高八斗的魁星

知识拓展

二十八宿中西方白虎的第一宿叫奎，因为与魁同音，后来很多人都把奎星误当成魁星，还建了不少"奎星楼""奎星阁"。《天官书》说："奎曰封豕。""封"是大的意思，"封豕"就是大猪。可想而知，拜完了大猪再去赶考，恐怕是要误事的。

到了殿试时，皇帝一看他的容貌和上殿时的走路姿势，心中不悦，就问："你的脸是怎么回事？"他回答："回圣上，这是'麻面映天象，捧摘星斗'。"皇帝觉得这人怪有趣的，又问："那么你的腿是怎么回事呢？"他又回答："回圣上，这是'一脚跳龙门，独占鳌头'。"皇帝很赞许他的机敏，又问："那朕问你一个问题，你要如实回答。你说，如今天下谁的文章写得最好？"

他想了想，出口成诗："天下文章属吾县，吾县文章属吾乡，吾乡文章属舍弟，舍弟请我改文章。"皇帝大喜，读完他的文章后，更是拍案叫绝："不愧是天下第一！"于是钦点他为状元。

这个文人靠自己的才学和勤奋，后来升天成为魁星神，主管人间文运。"魁"字拆开来，一半是"鬼"，应魁星面目丑陋；另一半是"斗"，应魁星才高八斗，也应北斗星座。据说魁星手中的朱笔批你是什么，你就是什么，以至文人中流传着"任你文章高八斗，就怕朱笔不点头"的说法。

拜魁星管用吗

现在，各地魁星楼的香火依然十分旺盛，因为现代社会竞争更加激烈，许多家长望子成龙，学子也企盼金榜题名，于是都来拜魁星。不过我认为，学子们去拜一拜魁星，以此坚定信心是可以的，但提升成绩还须靠自己努力。如果你不勤奋，那么拜魁星也帮不了你。

4. 一行"作法"救天下

瞧，在古人眼中，北斗既是人们的司命大神，又是帝王的宝车，还是主管人间文运的神。可是这还没完呢，北斗还有其他的"神性"呢。下面我们再讲一个传说故事，它与唐代天文学家一行有关。

恩人王姥姥向一行求救

一行本名张遂，出家后法号为一行，他是中国历史上一流的天文学家。据古书中的记载，一行年轻时很穷，他的邻居王姥姥心肠很好，经常留他吃饭，帮他付账，等等。后来一行因精通天文历法受到唐明皇李隆基的礼遇，在朝中很有地位。有一次，王姥姥的儿子因杀人被判罪，将要处决，王姥姥只好向一行求救。

听了王姥姥的请求，一行感到很为难，说："姥姥要是缺钱，尽管从我这儿拿，但你儿子犯的是国家的王法，我可不能徇私情啊！"王姥姥听了这话，非常恼火，说："邻里都羡慕我攀上了你这个大人物，可这有什么用呢？那么多年都白帮你了！"说完，王姥姥头也不回就气呼呼地走了。

一行徇私"作法"

想到对过去的恩人无法提供帮助，一行感到十分愧疚，可他又确实不敢徇私枉法，于是决定做一次"法术"，来一次根本的、让所有人都蒙在鼓里的"枉法"。于是他回到他修行的浑天寺，让人腾出一间屋子，搬进一只大瓮（wèng），又悄悄找来两个做工的人，对他们说："明天下午，你们在后院荒废的园子里埋伏好，看到有动物进来，就上去把它们捉住，一共 7 头，一头都不能少。"

那两人就在后院的园子里埋伏，到太阳落山时，果然不知从哪儿来了一群猪窜进园子。两人七手八脚地把这些猪全捉住放入瓮中，正好 7 头。一行用木板将瓮盖好，以"神泥"封口，并用朱笔在上面写了一些谁也不认识的怪字。

一行"作法"　园里捉猪

❀皇帝大赦天下❀

第二天，皇帝李隆基急招一行上殿。见到一行，皇帝就问："太史官来奏，说昨夜北斗七星消失了，这是什么征兆？"一行说："过去后魏的时候，曾经发生过火星不见的事。至于北斗七星不见了，这可是自古以来都没有过的。一般来说，普通星座消失不见的话，可能会有旱涝、霜冻之类的灾害；可现在居然连帝车都不见了，恐怕于国家、于陛下您都非常不利。"

听了这番话，李隆基吓得六神无主，忙问："大师你有什么办法吗？"

一行悠悠道："我相信，只要陛下做一件有盛德的大事，终究是能够感动星辰的。"

李隆基问："怎样的事才能够感动星辰呢？"

一行说："我们佛门主张宽恕一切人，要想有盛德，莫如大赦天下。"

李隆基一拍大腿："只好这样了！"于是他宣布大赦天下，将各种罪犯全都无罪释放，王姥姥的儿子也得救了。

第二天，太史官上奏说北斗七星中的第一颗星出现了。此后，北斗七星一天出现一颗，到第七天全部出现。其实这是一行把猪一头头从瓮里放出来造成的。

从这个故事来看，北斗七星还是猪神，这在其他文献及远古文化遗址中也能找到一些证据。

知识拓展

在佛教中，北斗七星与猪神有关。密宗的摩利支天坐在七猪拖车之上，其形象类似猪神。而中国从远古起，就把北斗七星与猪神联系起来。猪对应北方、水、黑色，与北斗七星对应的内容相同；在道教中，天蓬元帅是主管天河、总领水兵的，也与北斗七星有关系，所以其在明代小说《西游记》中被贬下界变成了猪八戒，元代的《西游记杂剧》则直接称猪八戒为"摩利支天部下御车将军"。我们也可以推测：既然"奎"是大猪，那么北斗七星也有可能是因为与"魁"的联系才成为猪神的。

5. 霍去病倒看北斗

古人早就发现，越往北走，北极星就升得越高，当然北斗也同样升得越高。那么，如果再往北走，北斗会不会高过头顶，向南偏？这完全有可能，历史上真有人看到过这种景象。下面我给朋友们讲一个"霍去病倒看北斗"的故事。

霍去病是西汉年间的一位大将，是"不败将军"卫青的外甥。那时，北方的匈奴经常对汉朝的边境进行掠夺。公元前120年的秋天，一万多名匈奴骑兵又向南进犯，深入右北平地区（今河北北部一带）烧杀抢掠，汉朝边民上千人死于匈奴铁骑之下。于是汉武帝刘彻决定出动重兵北伐，以彻底消灭匈奴军队。

这年，刘彻调集骑兵、步兵几十万人，由卫青和霍去病率领，分东西两路向北进军。霍去病率军从代郡出发，从草原到戈壁纵横驰骋，行军两千多里，终于发现了敌军主力。于是霍去病指挥汉军发动猛攻，一场激战开始了——杀声震天，长枪像稻草一被折断，莽莽草原，弃尸累累，山河变色，日月无光。几天血战之后，汉军终于胜利，歼敌7万名，匈奴左贤王部几乎全军覆灭。霍去病率军乘胜追击，一直追到狼居胥（xū）山。为庆祝这次战役取得胜

霍去病倒看北斗

利，霍去病率众在狼居胥山顶积土增山，举行祭天封礼。

晚上，他在营外散步，抬头仰望时，吃惊地发现，北斗已经越过天顶，偏向南方了。第一次看到倒置的北斗，他第一眼几乎没认出来，赶忙招呼将士们一同观看。大家都对这奇特的景象啧啧称奇，觉得天圆如盖，地方似棋，宇宙奥妙，不可尽言。随后，霍去病又在附近的姑衍山举行祭地禅礼，并登临北海（今贝加尔湖），刻了一块记功碑，然后凯旋。

这就是"霍去病倒看北斗"的故事。可惜霍去病回朝后不久就因病去世，年仅 24 岁。这位军事天才，短暂的一生中都在为戍边事业奋斗，他有一句名言流传至今：
"匈奴未灭，何以家为！"

从此，古人以北斗是否能到达天顶为依据，把世界分成"斗星南"和"斗星北"。唐代的杨巨源有诗"茫茫斗星北，威服古来难"，就是指用武力征服北方少数民族的艰难。

天 文 卡 片

既然越往北走，北极星就升得越高，那么纬度与北极星仰角有什么关系吗？有，且关系奇妙而又简单：就北半球来说，你所在的纬度，就是你看到的北极星高出地平线的度数。比如北京在北纬 40 度，那么你在北京看到的北极星，恰好也高出地平线 40 度。根据这个关系，在北半球可以轻松测出你所在地的纬度：只要你用一把尺子对准北极星，那么尺子倾斜的角度，就是当地的纬度。比如贝加尔湖的纬度大约是北纬 55 度。北斗转到最高时就已偏向南天了，这对居住在中原地区的人来说，确实算稀奇事，难怪霍去病当时会那么惊讶呢！

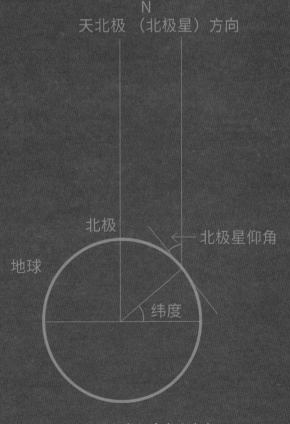

北极星仰角与纬度的关系

第三章
天上的紫禁城——
紫微垣

　　我们知道，北京故宫又名"紫禁城"，这个名字是怎么来的？"紫"字来自紫微垣，紫微垣就是天空中的一座皇宫，里面的每个星座都是天上皇宫中的成员。

　　由于天球的周日视运动，所有的星星看起来好像都绕天北极转动，所以北极星就是帝星。古人以北极为中心，划出一处城垣，作为天帝的皇宫。

　　如图，两列弧形的星座是皇宫的两道垣墙，这实际上是两道"人墙"，"丞"是丞相，左右"枢"为内阁高级首领，"辅""弼"为内阁高级成员。"尉"是司法官，"卫"是保卫官，负责皇家的内外事务和安全。垣墙里面，是天帝、天帝的家属以及劳役、服务人员。

　　紫微垣以帝星为中心，左右是太子、庶子、后宫，上面是北极天枢。旁边有御女——供天帝役使的宫女，御女下面的柱史负责记录宫中日常大事，还有女史星，专管宫中漏刻、记时。御女上面是五帝内座，共 5 颗星。根据周代礼仪，天子在春、夏、季夏、秋、冬 5 个季节要坐在不同的座位上。

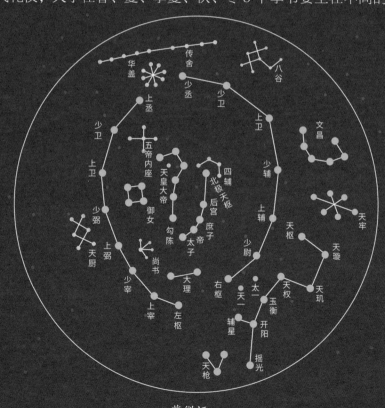

紫微垣

1. 严子陵彗星犯帝座

中国古代的天文台由皇家把持，天文学家都是朝廷的官员，这些天文学家每天晚上都在勤勉地观察天象，一有异常，就要立刻上报，做出有关国家大事的星占预测。紫微垣是天文学家重点监测的天区。比如：监测到"后宫"变暗，则说明后妃出了问题；如果发现"帝座"出了问题，情况就更严重了。下面我给朋友们讲一个东汉光武帝时期彗星犯帝座的故事。

光武帝求贤若渴

当年王莽称帝建"新"王朝，仅过了十余年就兵败被杀。一时乱民四起，天下动荡，各类造反者纷纷登场，一拨一拨地登上历史舞台。后来义军首领刘秀脱颖而出，在洛阳建立东汉王朝，当上了皇帝，他就是历史上有名的光武帝。

他登基后，求贤若渴，到处搜罗人才。有一天，他忽然想起了过去的好友严子陵。

严子陵年轻时就很有名望，游学长安时结识了刘秀。因为他不满王莽的暴政，就隐姓埋名，居于山野之间。王莽失败、刘秀登基后，他仍然隐居不出。刘秀非常欣赏严子陵的才干，想召他出山辅佐自己，就派人去请他。使者一连去了3次，总算找到了严子陵。严子陵看到刘秀亲笔写的邀请函，言辞恳切，觉得实在难以推托，就随使者到了洛阳。

皇宫会旧友

到了殿上，见了皇帝，严子陵并不行跪拜礼，只是长长地作了一个揖（yī），刘秀知道这位老友性情高洁、孤傲，也不在意，便安排严子陵在最好的客栈住下，用最高的礼遇款待他。

与世无争的严子陵根本无心做官，只是不得已才来看看老朋友。在顺便了解了朝廷的现状后，他特别失望。原来，刘秀任用的丞相是侯霸，此人也是当年严子陵在长安游学时的熟人，严子陵对他没有一点儿好印象。这样的人居然当了丞相，严子陵想，看来刘秀也没什么眼力。这样一来，严子陵就更不想在洛阳多待了，每天只在住处睡觉，等待回山。

过了几天，刘秀又把严子陵请到了宫中，与他谈论旧事，两人谈得十分投机；又谈论治国方略，严子陵只偶尔点到几句，其精辟入骨让刘秀赞叹不已。刘秀当即表示：“朕让你做谏议大夫（相当于高级顾问和监察官），你看怎样？”严子陵哈哈大笑道：“光乃山野之人，不懂礼法，岂可厕身于王侯之间？休言此事。”听了这话，刘秀不好再说什么。这时已是深夜，刘秀就留他在宫中歇息。两人同榻而卧，继续谈论旧事，最后酣然睡去。严子陵在睡梦中把腿脚都压到了刘秀的大腿上，刘秀念及旧情，并不介意。

﹛“彗星凌犯”事件﹜

不料第二天刚一上朝，太史官（相当于天文台台长）就第一个上奏：“陛下，昨夜臣观天象，发现有一颗彗星凌犯紫微垣的帝座，这是凶兆啊。”彗星，民间称“扫帚星”，古代多叫“客星”，从天文星占到民间传统，古人都无一例外地认为彗星出现是不吉利的事，称“天上扫帚星，地上动刀兵”。你们想，夜里刘秀刚与严子陵同榻而卧，太史官马上就报告有彗星凌犯帝座，这彗星不是严子陵又是谁？不过刘秀还算聪明，他不像王莽那样骗人又骗己，所以哈哈大笑道：“什么彗星呀！那是我和子陵同睡，不是什么凶兆。”

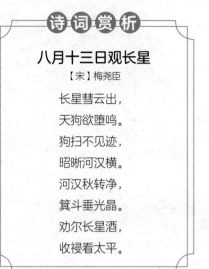

诗词赏析

八月十三日观长星

【宋】梅尧臣

长星彗云出，
天狗欲堕鸣。
狗扫不见迹，
昭晰河汉横。
河汉秋转净，
箕斗垂光晶。
劝尔长星酒，
收褪看太平。

也许，那天晚上真的有一颗彗星出现在帝座附近，但更有可能的是朝中某个高官（或许就是侯霸）妒忌严子陵，见刘秀留严子陵同寝，便买通太史官编造了这样一个天象，想用这个办法让皇帝惩治或疏远严子陵。从这件事中，严子陵看到了小人当道与官场的险恶，更不肯再在洛阳待下去了。

一天，刘秀来看望严子陵。见严子陵躺在太师椅上，半闭着眼睛，一副对人爱答不理的样子，刘秀惋惜地拍着他的大腿问："子陵呀子陵，你到底为什么不肯辅助我治理国家呢？"严子陵突然睁开眼，想说一下"彗星凌犯"事件，又转念一想，自己去意已决，说了也无用，便盯着刘秀说："唐尧德行远播，才使隐者洗耳。士各有志，你何必苦苦逼我呢！"刘秀见还是说服不了他，只得叹息着登车回宫去了。

不辞而别，隐居山中

刘秀前脚刚走，严子陵就不辞而别，隐居于浙江富春山。富春山下就是富春江，他在江边垂钓了十几年。现在，浙江桐庐县南富春江边，还有个"严陵濑（lài）"，据说就是他当年垂钓之处。

刘秀与严子陵同榻而卧

2. 造父驾车宴瑶池

我们接着讲紫微垣的形势。紫微垣的两道垣墙分别延伸出去后，留出了两个开口。对着斗柄方向的开口称南门，门外就是帝车——北斗七星，它们守候在门的一侧，随时为天帝出行待命，车子的南方遥对天帝、大臣处理政务的地方——太微垣。

紫微垣的另一个门称为北门，其实如果中央是北极，那么往哪个方向都是南，不会有什么北门，不过既然古人这么规定，我们姑且叫它北门好了。北门外是华盖——天帝出行时打的黄罗伞，御者王良驾车时刻待命。出北门，有一条长长的阁道（即架空的道路），穿过银河直通营室——天帝的离宫，这是天帝在正宫之外休养的地方。

王良往西是造父五星，它也是天子的马车夫。这两个星座都隔着北极星与北斗七星遥遥相望，在北天很容易找到。再往西是车的发明者奚仲；奚仲往南是辇道（帝后、嫔妃走的车道）；旁边还有车府（车库）、传舍（驿站）、天厩（jiù）（马棚），这一片星座组成了一个完整的空中车马道世界。

下面给大家讲一个"造父驾车宴瑶池"的故事。

周穆王宴瑶池

造父姓嬴，据说是颛顼（zhuān xū）帝的后裔（yì）。他的祖上世代以牧马、御马为生，后来被周天子招去养马。到了周穆王姬满时代，嬴氏家族出了造父这位御马高手。造父驯养出的都是日行千里的神马，周穆王经常让造父驾着御车载着他四处兜风。

西王母瑶池宴穆王

有一天，周穆王打算前往西部逛逛，便让造父驾车，驶出都城丰镐（hào）（今陕西西安），纵马西行。车由 8 匹千里马拉着，再加上造父高超的驾车技术，车子跑得像风一般快，不一会儿，随行卫队就被造父远远甩在身后。君臣二人信马由缰，仅用半天时间就来到西域。

他们还是第一次来西域，这里地广人稀，山川壮丽，景色秀美，与关中相比，别有一番景象。他们流连忘返，正玩在兴头上时，发现天色已晚，无法辨别归途了，而所到之处的景色更加奇丽。一问过路人才知道，他们已经来到了西域瑶池。这里已不是人间，而是昆仑仙境了。

住在瑶池的创世女神西王母听说人间的周天子来访，连忙派神仙去迎接，连夜在瑶池边设宴款待，为周穆王接风洗尘。酒宴极为盛大，仙乐穿空，舞女如云，十分热闹。席间觥筹交错，对饮仙酒，作歌唱和，乐而忘时，一晃 3 天过去了。

诸侯反叛

3 天时间并不长，可是"仙境一日，人间一年"。可以想象，天子失踪了 3 年，朝廷上的很多事都无人做主，朝政废弛。随行卫队不断到各处寻找周天子，可就是找不到。有的诸侯见天子多年不临朝，便有了反叛的打算。

东方有个徐国，在今安徽、江苏北部一带，国君是徐偃王。有人告诉他，说他本是宫女生的一枚蛋，后来被一条黄龙孵化成人。徐偃王想：我是黄龙孵化出来的，想必将来不只是当诸侯，而应该做天子。现在，他见周穆王不知所终，朝纲松懈，认为自己称王的时机已到，于是举兵反周，一时攻城略地，势不可当，直逼京城。

千里马报信平叛乱

造父见周穆王乐不思归，怕国内有变，便将千里马放出一匹，让它回京城报信。很快，这匹马就遇到了3年来一直在寻找周穆王的卫队，又飞快地引他们到了瑶池。周穆王这时才知道徐偃王领兵造反的消息，顿时紧张起来，马上告别西王母，登车回朝。造父驾车，他扬鞭策马，8匹千里马如龙腾飞，他们不到两个时辰就回到了京城。周穆王马上调动部队镇压叛军。

徐偃王万万没有想到，周穆王会从天上掉下一般突然出现在京城，徐偃王一下慌了手脚，军中士兵一夜之间逃的逃，降的降。周穆王立刻率大军进攻，一举平息了这场叛乱。

因为造父放马、驾车，周穆王才及时赶回京城平息了叛乱。为表彰造父的功劳，周穆王将赵城（今山西洪洞县）赏赐给他，从此造父家族改姓赵，又以这里为中心建起赵国。由于造父识马、养马、驯马、驾车均到了出神入化的境界，所以他被提到天界成为星座。

天文卡片

读者朋友若是天文爱好者，一定听说过"造父变星"。造父星座里的"造父一"就是第一颗被确认的"造父变星"。科学家发现，它的亮度变化是有规律、有周期的，并且这类变星的光变周期越长，它的发光能力就越强。它的光变周期是很容易测出的，知道了光变周期，我们就能立刻知道它的发光能力强弱，再根据我们实际看到的亮度，就可以精确推算出这颗星体与我们的距离。

星体与我们的距离在天文学中是很关键的数据，可惜我们不可能直接丈量出来，只能用间接的办法测算出大概的数值。但这种变星的存在为天文学家提供了诸多方便，它们可以精确地标出其与我们的距离，仿佛摆放在宇宙空间中的若干"里程碑"，因此被誉为"量天尺"。天文学家给它们取了专名"造父变星"。这名字乍看有些古怪，但如果我们熟悉造父的故事，就会觉得这个名字很贴切了。

3. 王良驾车与三家分晋

王良星座由5颗星组成，其中4颗是驾车的4匹神马，剩下的最亮的那颗星就是驾车人王良。与他相关的故事不是神话，而是历史典故。王良出现得比造父晚一些，他生活在春秋时期，是晋国公卿赵襄子的马车夫，也是世上罕见的优秀驭手。据说，他驾起车来与马儿形神合一，用精神就能协调诸马，马儿跑起来任何兵马都追不上。

春秋时期有一段"三家分晋"的历史。我们知道，战国时有齐、楚、燕、韩、赵、魏、秦"七雄"，一般人都以为这七国是由许多小国互相兼并形成的。从大的趋势来说是如此，但韩、赵、魏三国不是，相反，它们是由庞大的晋国解体形成的。这三国格局的形成，与马车夫王良有很大的关系呢！

智瑶联军攻赵

春秋末年，晋国王族的力量越来越弱，国家政权被智、韩、赵、魏"四公卿"把持，晋国的大片土地都是他们的领地。而智家，是这四大家族中最强的一家，占的土地最多，他们的领头人智瑶有一天忽然想通了："反正这年头是强欺弱、众暴寡，何不来点儿硬的，让我的土地多上加多呢！也许有一天整个晋国都是我的呢！"于是他仗着自己的实力强大，向韩、魏、赵三家索要土地，韩、魏两家不敢不答应，只好忍气吞声地让地、献城。

但赵家族长赵襄子是个头脑冷静的人，他坚决不给。智瑶见状大怒，立即召集韩、魏两家领头人商量："咱们把赵家全族干掉，瓜分他们的土地，免得他成为咱们的祸害。"

于是智、韩、魏三家的联军包围了赵家的基地晋阳（今山西太原）。赵襄子率全族民众顽强抵抗，联军久攻不下。后来联军中有人出主意：蓄汾（fén）河的水灌城，定能取胜。于是联军修筑拦水坝蓄水，开始灌城。

❀王良驾车救赵家❀

　　水位越来越高，最终漫过城墙灌进城里去了，晋阳城变成了水城，老百姓只好爬到房顶上。就在这危急时刻，赵襄子决定冒险下出最后一步棋：外交攻势。这天下午，地势稍高的东门突然打开，赵军的一支敢死队冲出，与围城的联军殊死搏斗，硬是杀出一条血路，随后一驾马车流星一般从血路中穿过，驾车人即赵襄子的马车夫王良，车上载着赵襄子的密使。王良的驭术高超，联军最快的马车也追不上，很快王良的马车就消失在远方。

王良出力驾车救赵

赵襄子的密使赶到韩、魏二公卿的住所，向他们分析当前的形势："智瑶是什么人，你们还不清楚吗？割去你们两家的地，又纠集你们一起来攻打我们，他的欲望会有止境吗？赵家灭亡了，你们就永远平安了吗？你们封邑的城外也有河，他们不会也给你们灌水吗？不如我们三家联合，干掉智家，将他的土地瓜分。这样，赵家死而复生，将永远感激你们的救命大恩，你们也不用再担心被智家勒索吞并，跟着那号人去打仗送死了。"

韩、魏两家听了赵襄子密使的一番话，如梦初醒，于是决定联合攻打智家。当天夜里，韩、魏两家的兵士迅速掘开智家一侧的汾河大堤，本来正在灌城的汾水瞬间涌向智家的军营，一下子把还在睡梦中的智家官兵卷走一半。赵襄子也带兵杀出，三家驾着小船、木筏（fá）向智家阵地发起攻击，一夜血战之后，智家兵团全军覆没。

三家分晋

这样，晋国只剩下三大家族，晋国国君完全成了摆设。再后来晋国国君也被他们废掉，韩、赵、魏把晋国彻底瓜分，都自封为王。史书中常说的"三晋"，就是指韩、赵、魏三国。

可想而知，若无王良出力，战争形势还不一定会怎样呢！也许智家会依次灭掉赵、韩、魏，独吞晋国。有这样一个庞大的"智国"，还轮得到秦国统一天下吗？一切都难说了！正因为王良有驾车之功和重要的历史作用，所以他也升上星空，成了天上驭马的星神。

4. 张亚子与文昌帝君

我们再把目光投向紫微垣。在紫微垣外，有一些星座，如北斗、文昌、三台等，与皇家关系密切，也可以算作属于紫微垣。其中文昌是一组小星，它们虽然不是很亮，但与魁星一样，也主管人间读书人的功名，而且影响力比魁星还大。

文昌六星在北斗魁星的上方，最早这个星座代表朝中的文武大臣。秦汉以后，天下归一，提倡以文德、教化治天下，后来又出现科举制，于是文昌便变为主宰功名的星座了。

到了后来，文昌星座被封为"文昌帝君"，这里面有一段很有趣的"造神"故事。

梓潼神祠的建立

相传在西晋时期，四川梓潼县七曲山住着一对张姓夫妻，他们以砍柴为生，非常勤劳，但一直没有孩子。一天，张公上山砍柴时不小心割破了手指，鲜血滴到清泉里，之后泉水里钻出一个小男孩，开口就叫他爹，非常活泼可爱。张姓夫妻就收养了这孩子，为他取名张亚子。大一点儿后，母亲生病了，张亚子就昼夜守在母亲身边伺候。长大后的张亚子文武双全，被选中入朝为官，为人们所敬重。在一次抵御外敌的战斗中，张亚子身先士卒，不幸战死。梓潼人为了表彰他忠君爱国、孝敬父母的情操，在他的老家七曲山建了一座"张亚子庙"。

到了东晋时期，梓潼正处在北方氐族苻（fú）氏建立的前秦的统治之下。这时又出了一个叫张育的好汉，他不满前秦的统治，举旗造反，率领一伙人抗击前秦朝廷，后来因寡不敌众而战死。当地人为了纪念他，也在七曲山建了一座"张育祠"。因为张亚子庙和张育祠相距不远，纪念的人又都姓张，经常被人混淆，所以后人干脆把这两处神祠合在一起，称"梓潼神祠"。

高封"文昌帝君"

神祠里的"梓潼神"，俗名叫张亚子，但随着朝代的变更，他一步步被神化，既不像原来那个张亚子，也不像张育了。唐朝时，张亚子又被皇帝授予"左丞相""济顺王"等称号。到了宋朝，有一个姓李的读书人去拜梓潼神，当天夜里，他就做了一个梦，梦见自己在梓潼神的引导下来到了成都天宁观，在观里，一个道士指着织女的"支机石"（支机石的故事见第七章）对他说：你以此为名，必能中举。醒来后，读书人觉得这个梦非同寻常，于是就改名叫"李知几"，结果他就考中了举人。这个故事一传十，十传百，引得文人们都来拜梓潼神。从那时开始，梓潼神慢慢成了专管功名的神，成为文昌星君的化身，到了元朝更是直接被封为"文昌帝君"。

文昌帝君主要掌管天下学子考试晋升的事。随着元明以后科举考试的制度化，文昌帝君成了读书人的命运之神，谁要想走科举考试的路、通过考试去求取功名，就一定要祭拜文昌帝君。二月初三是文昌帝君的生日，每年这天学子们都要到文昌宫祭拜，并举行文昌会，吟诗作文，一比高低。

后代许多文人学士还甘愿为他"捉刀代笔"，写了许多文章归在文昌帝君的名下。张亚子因此又成了著作等身的大文豪，而且是百科全书式的大学者，其作品囊括了天文地理、文史哲经等各方面的知识。

文昌宫的兴起

就这样各地陆续建起了文昌宫、文昌阁或文昌祠，其地位简直可以与尊奉孔子的文庙并提。明清时期仅北京就有7座文昌宫，估计是因为进京赶考的文人太多，文昌宫少了的话，文人们一股脑地都来拜，肯定挤不过来。

各地的文昌宫中，还是属梓潼县七曲山的文昌宫最大。明末，张献忠率起义军攻入这里时，去文昌宫游逛，发现宫神叫张亚子，就说："你姓张，咱家也姓张，俺跟你连了宗吧！"于是他让人塑了一尊自己的坐像，供在文昌宫里。但张献忠是个毫无理想、没什么见识的草莽英雄，谁愿意尊奉一个这样的人呢？因此，张献忠兵败之后，他的塑像就被人们丢到了道边。

文昌帝君的造型与魁星不同，他白面长髯（rǎn），仪表堂堂，一看就是个读书人。最有意思的是他两侧的两个侍童：一个手捧印鉴，瞪眼皱眉，名叫"天聋"；另一个手拿书卷，张口结舌，称作"地哑"。印鉴是文昌帝君的御封大印，书卷是文人们的考分簿册。文昌帝君找的两个侍童，能言的听不见，能听的说不出。文昌帝君掌管的科举考试如同现代的高考，对考生的影响很大，所以保密是第一位的。

第四章
东方苍龙与北方玄武的故事

角宿一是一颗明亮的1等星，发蓝色光，光度（发光的能力）比太阳大2万多倍，现代天文学称其为室女座α，是黄道四大亮星之一（另外3颗是心宿二、毕宿五、轩辕十四）。把角宿的两颗星相连，连线恰好跨过黄道，因此日、月和行星常会从这两颗星附近经过，所以古人称角宿是"三光之道"（三光指日、月、行星）。再加上角宿是二十八宿中的第一宿，被当作日、月、行星运行的起点，因此它也被叫作"天门"。

由前面介绍的"分野""三大战场"我们知道，二十八宿在中国星座中的地位非常重要，因此它们也有许多神话传说和历史典故。下面我们先来看看东方苍龙和北方玄武的故事。

1. 二月二龙抬头

角、亢、氐、房、心、尾、箕七宿在天上构成一条巨龙。角，就是龙角，由角宿一和角宿二两颗星组成。从两只龙角向后，是亢宿。亢是龙的咽喉，或叫龙颈。角、亢都属现代的室女座。至于"氐"，有抵达、抵抗的意思，指龙的前爪。氐宿属于现在的天秤座。

东方苍龙

东方苍龙七宿是古人用来确定季节的重要星座之一。每年一到农历二月前后，天黑后，角宿出现在东方的地平线上，人们就知道，马上就到春回大地、进行播种的季节了。我国有谚语"二月二，龙抬头，大仓满，小仓流"，"龙抬头"就是指苍龙星座的头（即两只龙角）开始从东方的地平线上抬起，龙脖随之挺直，标志着要开始播种了。

后来，农历二月初二就被定为"春龙节"，因为龙在天上主管云雨，龙一抬头，雨水就多起来了，这是马上要春耕的农民们最盼望的。

天龙降雨犯天条

一次，天帝化身为乞丐，降临到人间，想看看世人的善恶。不料他去讨饭的第一家是一个吝啬至极、毫无怜悯之心的财主，财主不但不给他饭吃，还唆使看家狗咬他。天帝大怒，以为世人个个如此，不可救药，于是回到天庭传谕苍龙星座：三年内不得向人间降雨。

三年不降雨，可想而知，靠天吃饭的百姓的处境该是多么艰难！民间到处啼饥号寒，不断有人饿死。苍龙星座觉得天帝的做法太过分了，他听着人间的哭声，看着饿死人的惨象，实在不忍，便悄悄升到天空，兴云播雾，自作主张为人间降了一场大雨。

顿时大地旱象解除，禾苗生长，百姓纷纷供起苍龙，称之为"龙王爷"，连天帝的神位都被冷落了。

天帝知道这件事后勃然大怒，派人把苍龙抓住，把他打下凡间，又用一座"青龙山"压住他，山口立一座巨大的石碑，上面写道："苍龙降雨犯天规，当受人间千秋罪。要想重登灵霄阁，除非金豆开花时。"

诗词赏析

献寄旧府开封公

【唐】李商隐

幕府三年远，
春秋一字褒。
书论秦逐客，
赋续楚离骚。
地理南溟阔，
天文北极高。
酬恩抚身世，
未觉胜鸿毛。

百姓机灵救天龙

人们都为苍龙鸣不平，可是有什么办法呢？他们向天帝祷告，也不管用。为了拯救苍龙，大家到处寻找开花的金豆。一直到了第二年的二月初二，又该春播了。人们在翻晒玉米种子时，忽然想到："这玉米就是金豆吧！把玉米炒一炒，它们就会爆成玉米花，那不就是金豆开花吗？"这种说法很快传开了，于是家家户户爆起了玉米花，并在院子里设案焚香，向天帝供上开了花的"金豆"。

苍龙见百姓们用这个办法救他，也机灵地抬起头来，向天庭大喊："金豆开花了，快放我回去！"天帝派千里眼向人间一望，果然家家户户的院里都有"金豆花"开放。他没办法，只好传谕召苍龙回到天庭，让他继续给人间兴云布雨。

从此，为感激苍龙降甘霖救万民的献身精神，民间有了"春龙节"。每到二月初二这一天，人们就爆玉米花吃，一边吃一边念："金豆开花，龙王升天，兴云布雨，五谷丰登。"

二月初二的讲究

后来，二月初二的讲究越来越多。这一天，很多吃的东西都与龙挂上了钩，如吃饺子叫吃"龙耳"，吃面条称作吃"龙须面"，烙的饼叫"龙鳞饼"，小米干饭叫"龙子饭"，等等。

二月初二理发称为"剃龙头"。按过去许多地区的迷信说法，正月是不能理发的，否则会给舅舅带来灾祸，而到"龙抬头"的那天再理发，会使人鸿运当头、福星高照。所以很多人都在二月初二这天"剃龙头"。

二月初二这天还有很多习俗呢！妇女们在二月初二这天不能做针线

活，因为苍龙在这一天要抬头观望天下，用针会刺伤龙的眼睛。这天还要"引龙熏虫"。老北京有"二月二，照房梁，蝎子、蜈蚣没处藏"的说法，人们将过年祭祀剩下的蜡烛点着，燎过房梁、墙壁，这时，将要复苏的蝎子、蜈蚣等毒虫被火燎过后，会自动掉下来。龙是鳞虫之精，人们借龙抬头

二月二，龙抬头

之威，使百虫伏藏，驱病灭瘟。

龙与水的关系非常密切，既然二月初二"龙抬头"，在雷声响起后，龙就要从藏身的地方出来，跃入水中活动了。所以有些地方的风俗是，这天日出前不可到井里、河里打水，以免碰到龙。为早晨做饭方便，家家都在前一天把水缸、锅、壶等装满水。二月初二这天，人们还将草灰从井边一直撒到水缸边，故意曲曲弯弯作龙状，称"引龙回"。

东方苍龙七宿的下几宿，也是龙身的一部分。房宿，是"府"的意思，也就是脏腑，是苍龙的腹部。再往下是"心、尾、箕"，很明显，心是龙心，尾是龙尾。箕，可能起源于地上的"箕国"，古人很善于联想，后来把它说成是放在龙尾后接粪的粪箕子。

民间岁时风俗——引龙回

2. 大火星心宿二的故事

心宿是龙心，由 3 颗星组成，中间的那颗非常著名，称作亮星——心宿二，它还有个别称叫大火，因为它的颜色是火红色，又很亮，足以和火星抗衡，所以称大火。

心宿的 3 颗星在星占上非常重要，心宿二有时代表皇帝，另两颗星分别代表太子、庶子，他们都是皇室的重要成员。

"荧惑守心"是一种很重要的天象。火星最早的名字就叫"荧惑"，在古人看来，它的运行路线最复杂，亮度变化也特别大，所以给它取名"荧惑"。另外，它火红的颜色也令人不安，因此中西方都常把它看成战争和火灾的象征。

火星会影响瓷窑吗

北宋末年的宋徽宗时期，在中国著名"瓷都"景德镇，窑户们发现很多窑都出现了怪事：本来要烧白瓷或普通的彩瓷，不料开炉后发现烧出来的瓷器都带着赤红色，有的甚至像朱砂一样红。对此，窑户们都疑惑不解。后来星占家来查看，对照当时的天象后，认为这是当时天上的火星运行到景德镇一带的分野，感应到窑中的瓷器造成的。

这种现象叫"窑变"，现代科学认为是釉料中含有特殊杂质，又遇上特别的火候而形成的。但古人不这样认为，他们对星占家的说法深信不疑。被这样一颗灾星影响过的瓷器谁还敢用？于是所有的窑户都把这批瓷器打碎埋掉了。

天文卡片

夏天的晚上，我们向正南方看去，会看到一颗火红色的亮星高悬，它就是心宿二。它的现代名字为天蝎座 α，也正好代表天蝎的心。有趣的是，在西方，它的专名为 Antares，意思是"对抗火星"。它距离我们约 410 光年，光度是太阳的 5 万倍，是一颗红超巨星。说起它的大小，可不仅仅是"对抗火星"了，它足以可以把火星绕太阳旋转的轨道都装进自己的"肚子"里。

朋友们熟悉光年吗？这可不是时间单位，而是长度单位，专用于描述天体间的距离。因为天体间的距离太过遥远，用千米表示非常不便，需要用更大的单位进行描述，于是天文学家找到了光年，即光在宇宙真空中沿直线走一年的距离。经测定，1 光年大约是 94600 亿千米。离我们最近的恒星——比邻星，在 4.22 光年之外，天狼星离我们则有 8.6 光年。

用今天的眼光看，出于这样一个虚无缥缈（piāo miǎo）的原因，窑户们就把自己辛辛苦苦生产的瓷器砸碎，太不值得了。瞧，古今人们观念的差别多大啊！

君王巧应"荧惑守心"

关于心宿的故事有很多，下面给朋友们讲一个有关"荧惑守心"的故事。

"守"是暂居不动的意思，"荧惑守心"就是象征灾难的火星在心宿徘徊不去，这在过去被认为是大凶的征兆。

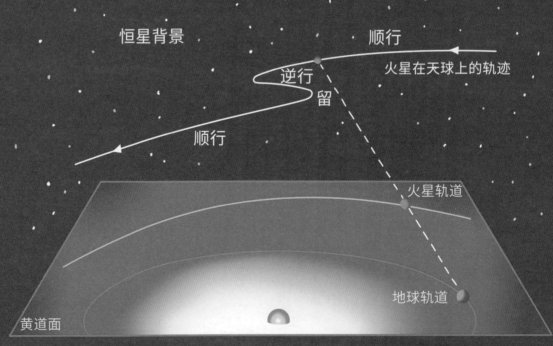

火星的"留"示意图

在春秋时期，宋国的宋景公有一天上朝时，太史官向他禀报："昨天晚上，下官按惯例观察星象，发现了'荧惑守心'，这是个大凶的星象，请大王召集百官商议对策。"

宋景公召集百官，询问有什么对策。文武官员都面面相觑（qù），因为"荧惑守心"常标志着君王遇祸、宫廷遭灾，谁能化解呢？这时众大臣中最聪明的子韦上前说道："'荧惑守心'是最不祥的星象，主君王大祸。但是，大王可以通过祷告驱禳（ráng）的办法，把这个灾祸转移到宰相的身上。"

宋景公说："这怎么使得？宰相是帮助我治国的人，我若把灾祸转移给他，那岂不是要被天下人耻笑？"

子韦说："还有个办法，大王可于今日午时三刻登上灵台祭天，将灾祸转移给百姓。"

宋景公不高兴地说："你开什么玩笑，百姓都死了，我还做什么国君？"

子韦又想了想，说："那就别转给人了，转成今年收成不好，也能渡过这一关。"

宋景公说："收成不好，必有饥荒，百姓会挨饿。为了自己而坑害百姓，这算什么君王？这是我的命，我自己承担吧！不用你们出这些馊主意了。"

子韦一听非常高兴，退了几步，率众大臣一齐向宋景公礼拜，说："下官们向大王贺喜，你这种情愿自己受难，也不嫁祸给臣民的德行，一定会上达天庭。天帝不但能使你免祸，而且会为你延寿。"

果然，这一天什么祸事也没发生。到了晚上，太史官陪着宋景公和子韦再观察天象，发现火星已经离开了心宿。

　　在这个故事中，似乎宋景公、子韦两人都是无神论者，宋景公正气凛然，"舍己救苍生"，子韦"欲擒故纵"，用计引诱、劝说宋景公。其实不然，这两人对星占应该都是深信不疑的，只是他们又都相信"至诚能感天"，认为只要敬天修德，就一定能感动上天，令上天对国家、君王的命运做出新的安排。史书上也有记载：这天晚上，火星不但离开了心宿，而且走了三舍（即3个"月站"）。看来上天的确被宋景公的德行感动了。

　　这个故事体现了中国古代的"宿命论"——天人感应，古人认为天能干预人事，人的行为也能感动上天。

景公、子韦观"荧惑守心"

有火，还是没有火

不过，古代确实有一些无神论者。史书曾记载了一个彗星犯心宿、星占家与无神论者交锋的故事。

春秋时期，冬天的一个黎明，人们发现一颗彗星出现在心宿二的旁边，长长的彗尾一直跨过银河。一连几天，男女老少都恐惧地看着天上的这一怪异景象。鲁国大夫找到了星占家梓慎，问是怎么回事，梓慎说："彗星犯大火星、房宿，说明心、房的分野要遭到严重的火灾，我根据彗星的长度、星犯的远近仔细算了一下，火灾将在明年夏天到来，应发生在陈、郑、卫、宋四国。"

消息传开后，陈、卫、宋国的国君都开始开展祭祀活动，以求禳除灾害。但是郑国的国君却不行动，郑国的星占家裨（pí）灶问国君为什么还不祭天，国君说："子产说没有必要。"子产是郑国的重臣，说的话很有分量，国君总是愿意听他的。

裨灶马上找到子产，说："郑国明年要发生火灾了，星占家已算出，陈、郑、卫、宋将在同一天发生火灾，你不劝国君赶快祭天免灾，怎么还说没有必要呢？"子产回答："老天离我们那么远，它怎么能决定我们大地上的火灾这类事呢？人间的事还得我们自己料理，火灾都是人们不小心酿成的，只要教导百姓小心用火，就能最大限度地避免火灾的发生。光祭天有什么用呢？"

第二年的五月，某日天黑后，大火星从东边升起，然后开始刮风。梓慎到处对人说："这是融风，是着火的征兆。7天后，就要着大火了！"过了7天，果然陈、郑、卫、宋都有火灾上报。裨灶更有理了，他又找到子产，说："怎么样？着火了吧！马上就有火灾降临国都，快请国君

成语"七月流火"出自《诗经》。这里的"火"就是心宿二，按商周时的历法，七月已是秋天，"流"不是流星的流，而是指晚上心宿二向西天慢慢落下去，预示寒冷的季节就快要来到了。也许你曾看到报纸上出现过这样的标题："七月流火，小心中暑"。这其实是现代人的误用，把"七月流火"理解成了"七月盛夏，热得像天上下了火一般"。所以朋友们要多读书、多思考，至少在遇到这样的误用时，我们要知道它的原义不是这样的。

祭天吧！晚了就来不及了！"子产说："那种烧着灶台的火灾，咱们郑国每个月都会发生两三场，算什么呀！没事！"

国君也非常不安，找到子产商量对策。子产说："干吗非要听裨灶的？这种人就是喜欢乱预言，说得多了，偶尔也会说对一两次，他懂什么天道？"

果然，过了好久也没见有大的火灾发生。

七月流火

3. 不愚忠的箕子

我们继续介绍东方苍龙七宿的最后两宿：尾和箕。

尾宿是龙尾，由八九颗较亮的星组成，房、心、尾在西方的黄道十二宫里，都属天蝎座。心宿是蝎子的心，尾宿正是蝎子的尾巴。瞧，中西星座体系中，不谋而合的地方还不少呢！

箕宿有4颗星，其连线正好组成一个四边形——一端稍大，形状像簸箕。箕宿属黄道十二宫里的人马座。

古人认为，月亮一经过箕宿，地上就会刮风。从现代气象学看，这二者没什么联系，可能是簸箕能簸扬谷物，而一簸扬就会产生风，所以古人才有这样的联想。箕宿的上方有一颗"糠"星，它仿佛是从箕宿飞出来的，已经被簸扬得很远了。

夏朝以前有一个大部落，叫作"箕"，在今山西一带，正是天上箕宿对应的分野，也是箕宿名字的最早来源。后来商朝出了一个著名的人物，他是纣王帝辛的叔父，曾担任过太师的职务，被封在箕地，这个封国取代了过去的箕国，所以他被后人称作"箕子"。

箕子在历史上是忠君爱国又不愚忠的典型。他见纣王吃饭用象牙筷子，就开始担忧。别人说："天子吃饭，用点儿精美食具有什么不可以的？"他说："不是，大王用象牙筷子，就不可能配陶盆瓷碗，一定得用金杯玉盏；使用这些精美的食具，他肯定不吃普通的四菜一汤，必须得配上鱼翅燕窝、乳豹山珍；吃这些东西，总不能在杨木桌子旁、版筑茅舍下，穿着粗衣草鞋吃吧？换作一般人，这些事想想也就算了，可大王手握大权，想要什么就有什么呀！锦衣玉食，大兴土木，这样下去还有止境吗？百

姓能承受吗？恐怕商王朝将有弥天大祸了！"

后来，纣王果然越来越不像话，他荒淫无度，使朝政废弛、民不聊生。箕子多次进谏，但纣王根本不听他的。臣子比干因为进谏太多被剜（wān）了心，箕子与许多大臣一样，不敢再多说话。有人劝箕子另寻贤主，他说："我作为人臣去投奔别人，这不是故意以君王之恶来换取自己的好名声吗？这种事情我不能做。"可他又身在其位，不得不侍君，怎么办呢？他只好披头散发、装起疯来。纣王以为他真疯了，怕他伤人，就把他关进了监狱。

武王灭商之后，建立了周王朝，念箕子忠君爱国，无功无罪，就把他放了出来。但箕子不愿做周王朝的顺民，就带领一大批遗老故旧从胶东半岛一带东渡到朝鲜去了。周武王也干脆做顺水人情，宣布将朝鲜封给他，他一直在那儿住到老，因此朝鲜平壤还有"箕子陵"。

由于人们在星占上的联想，认为箕宿会引来风，所以箕子后来被封为风神，也被称作风师、风伯。

风神箕子

4. 圣人傅说升星神

在东方苍龙最后两宿箕、尾之间，有一颗不太亮的星星，名为"傅说（yuè）"，又名天蝎座 G。傅说是一位完全有记载可考的真实历史人物，下面我们讲一讲他的故事。

在商王朝中后期，武丁即位。武丁年幼时，曾隐瞒身份在民间游历，不仅学会了很多本事，还深切了解了民间现状。当时商朝已有些衰落的迹象，所以他日夜都在思考如何重振王朝声威。

他虽有这种打算，但身边缺乏得力的人才，所以他一直都希望能发现一位贤臣来辅佐他施行改革计划。

有一次，他在夜里做了一个梦，梦见上天赐给他一位贤人，这位贤人称自己姓"傅"名"说"。武丁醒来后，对这人的相貌、名字仍然记得真真切切。他想："傅，就是辅佐的意思；说呢，就是喜悦、取悦。看来老天赐给我的这个人，必是一位能辅佐我，并且使万众喜悦的人！我就要有一位辅佐我治理天下的好帮手了！"

天亮以后，武丁就上朝召集群臣，他一个个地细看，看谁长得像他在梦中所见的傅说，但没有一个像的。于是他招来画工，详细描述梦中人的模样，让画工画出来，命令大家按照这画像在全国寻找。

臣子们终于在傅岩 [今山西平陆，后文"晋献公假途伐虢（guó）"故事的发生地] 找到了一个人，这人就叫傅说，而且长得与画像中的人一模一样。他是个奴隶，正在与众人一起筑墙。那时筑墙是先用两块木板规划出墙体范围，然后在木板间填上半干的黄土、沙子、稻草，用杵（chǔ）夯（hāng）实，去掉木板即形成结实的土墙，称"版筑"，今日叫"干打垒"。

诗词赏析

问天

【唐】皎然

天公何时有，
谈者皆不经。
谁道贤人死，
今为傅说星。

这是个非常累的活儿，人称"版筑垛墙，活见阎王"。

臣子们赶紧把傅说请去见武丁，武丁一见到这人，马上高兴地说："正是这个人！"两人一见如故，谈得非常投机。傅说见识不凡，先劝武丁虚心纳谏，再陈述治国方略，其言论"非知之艰，行之惟艰"（意思是懂得道理并不难，实际做起来就难了）成为传颂至今的名言。没想到奴隶中也有如此贤才，武丁立刻将他任命为宰相，让他主持朝政。

傅说大权在握，立即实行一系列改革措施，缓解了社会矛盾，使国家出现政治开明、国泰民安的局面。商朝达到了又一个极盛时期，史称"武丁中兴"。武丁和傅说，也成了古代明君、贤相的代表，被后人尊为圣人。

就这样，傅说的大名升上了天空，跨在箕宿、斗宿之间，与灿烂的群星为伍。傅说早年的艰苦经历，也被后人当作励志的经典事迹。平陆县从此又名为"圣人涧"，建有傅说庙、傅说墓，附近一处高崖土层里有夯土的痕迹，还裸露出层层黑色的稻草，据说就是傅说当年版筑的地方。

圣人傅说

5. 狗国犬戎与烽火戏诸侯

我们接着来看北方玄武七宿。玄武的第一宿是斗宿，由6颗星组成，排列的形状很像北斗，因此也叫"斗"，为了便于区别，一般称作"南斗"。当然，南斗远不如北斗亮，范围也小得多。

在斗宿的东北方，有"狗国"星4颗，还有"狗星"2颗，它们的名称来自地上的"狗国"。《山海经》里说北方有狗国人，还附有插图，形象都是狗头人身。怎么会有这样的人呢？原来，这是指北方的犬戎民族，他们以狗作为自己的图腾，这类信息传到中原，被人写进《山海经》里时，就描述成狗头人身了。

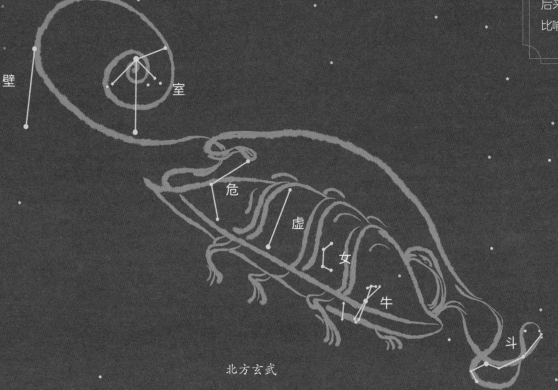

壁 室 危 虚 女 牛 斗

北方玄武

犬戎民族曾在西周末年到历史舞台上大显了一番身手，其结果是西周王朝覆灭，王室东迁建立东周王朝，为后来的春秋争霸、战国割据、西戎的秦王朝崛起埋下了伏笔。

周天子昏庸无道

且说周王朝传到第 13 代，天子是姬宫湦（shēng）。300 多年是一段漫长的日子，多少代的太平无事，给王朝上下一种错觉——似乎大周的江山是铁打铜铸、万年不变的。哪知在北方恶劣环境下生存的犬戎民族一直在寻找时机进犯，他们以"犬"自称，也像犬一样好斗，能用流血的方法得到的东西，就不用流汗的方法得到，所以总是虎视眈眈，盯着八百里秦川这块肥得流油的地方。

偏偏这姬宫湦是个花花公子，一天到晚沉湎酒色，不理国政。有个叫褒珦（xiàng）的大臣进宫劝谏，姬宫湦不但不听，反而命人把褒珦抓进了监狱。

褒家的人急坏了，怎么才能说服姬宫湦把褒珦放出来呢？他们想到的办法是投其所好。他们找了一个极其漂亮、会唱歌跳舞的姑娘，将其算作褒家人，取名褒姒（sì），献给天子，替褒珦赎罪。果然，姬宫湦得到了褒姒，高兴得不得了，就把褒珦放了。哪知这件事成了西周灭亡的导火索。

褒姒似乎不太喜欢命运的这种安排，整日闷闷不乐。别的妃子、宫女都拼命向天子献媚，唯褒姒难得露一次笑脸。不料越是这样，姬宫湦越是宠爱她，让人给她讲笑话、耍活宝，但褒姒还是无动于衷。没办法，姬宫湦对大臣们说："你们都动动脑筋！有谁能让王妃笑一下，我就赏他一千两金子。"

有个叫虢石父的大臣，见这是个升官发财的好机会，就想出了一个方案：点烽火，戏诸侯。开一个"国际玩笑"，看娘娘乐不乐。

骊山烽火戏诸侯

原来，周王朝为了防备犬戎的进攻，从边关到镐京骊山，沿路造了20多座烽火台，每隔几十里就有一座。如果犬戎打过来，把守边关的兵士马上就得把烽火烧起来，烧烽火的燃料是狼粪，这东西一烧起来就黑烟滚滚，直冲云霄，所以又叫"狼烟"；下一道关上的兵士见到狼烟信号，也会把烽火烧起来。通过烽火接力，犬戎进犯的消息在很短的时间内就会传到京城。京城与各诸侯国间也建了很多烽火台，这样消息会同时传到各诸侯国。按约定，烽火点燃，各诸侯国必须立刻发兵救驾。

虢石父对姬宫湦说："现在天下太平，烽火台早就没用了。我看不妨大王跟王妃娘娘上骊山去玩儿几天。找个好天儿，咱们把烽火点起来，诳（kuāng）附近的诸侯赶来救驾。娘娘见这许多兵马来来去去地瞎忙，准会笑起来。"姬宫湦拍着手说："好主意，咱们试试！"

于是姬宫湦带着褒姒上了骊山，力排众议，真的在骊山上把烽火点了起来。信号一个接一个地传开，马上传到了各诸侯国。附近的诸侯见到信号，以为犬戎来犯，都火速带领兵马前来救驾，大队人马一拨接一拨地赶赴骊山。没想到大家赶到这儿，一个犬戎士兵的影儿也没见着，只听到山上一阵阵奏乐和唱歌的声音，大伙儿都感到莫名其妙。

姬宫湦派人告诉他们说："大家辛苦了，这儿没什么事，不过是大王和王妃娘娘放烟火玩儿，你们的任务完成了，回去吧！"

诸侯们这才明白是上了当，憋着一肚子气回去了。

诗词赏析

荆溪馆夜坐
【宋】陆游

河汉无声天正青，
三三五五满天星。
草根冷露黏湿萤，
幽人岸巾坐津亭。
忆下瞿唐浮洞庭，
阳台系船梦媂婷。
朱门重重夜不扃，
四山猿鸟啼青冥。
人生无蒂风中萍，
幸我梦断狂已醒；
绣鞯金络带万钉，
何如故山锄茯苓！

褒姒看见骊山脚下来了好多路兵马，你来我往，煞有介事瞎忙的样子，不由得笑了起来。姬宫湦顿时大喜，马上赏给虢石父一千两金子。

褒姒越来越受宠，姬宫湦后来干脆把王后和太子废了，立褒姒为王后，褒姒生的小儿子伯服也成了太子。为了保命，原王后带着废太子，跑回娘家申国（今河南南阳）去避难。

骊山 烽火戏诸侯

{再喊"狼来了"已不管用}

犬戎知道了周天子"烽火戏诸侯"的事，发现时机已到，决定进攻镐京。一番扫荡之后，犬戎很快就逼近了镐京。

姬宫湦听到犬戎攻来的消息，连忙采用老祖宗传下来的办法：点烽火。可是老祖宗并没有教他"烽火戏诸侯"，这回烽火倒是烧起来了，诸侯们却以为又是姬宫湦在给娘娘取乐呢，谁也不肯出兵了。烽火台上白天冒着浓烟，夜里火光冲天，可就是没有一个救兵到来。

镐京的兵马不多，勉强抵挡了一阵，就被犬戎兵打得落花流水。犬戎的人马像潮水一样涌进城来。姬宫湦逃到骊山，被犬戎兵追上，他和伯服都死于乱刀之下，褒姒也被犬戎首领抢走。

到这时，诸侯们才知道犬戎真的打进了镐京，赶忙联合起来，带着大队人马来救。犬戎的首领看到诸侯的大军快到了，就命令手下的人把周朝多年来积累的金银财物一抢而空，又在城里放了一把火，这才退走。

姬宫湦昏庸无道，其谥（shì）号为"幽王"（幽是黑暗、昏庸的意思）。诸侯们又立原来的太子姬宜臼为天子，他就是后来的周平王。因为西边大多土地都被犬戎占了去，周平王怕镐京保不住，就把国都搬到洛邑（今河南洛阳）。因为镐京在西边，洛邑在东边，所以历史上把周朝以镐京做国都的时期称为西周；迁都洛邑以后，称为东周。

因为对历史有这么大的影响，所以犬戎在天上也占了一个位置：狗国。

6. 丰城剑气冲斗牛

按排列顺序，二十八宿中角宿排在第一位。但古人认为，牛宿才是日月五星运行的"起跑线"，因为周朝以前，冬至点（太阳在黄道上最南的位置）就在牛宿，而冬至点一直被认为是历数的开端。当然冬至点是在缓慢移动的（与天北极的移动同步），今天的冬至点已经移到箕宿附近了。

斗宿之后是牛宿和女宿，古书上经常将"箕斗""斗牛""牛女"并提，可以看出，这一带的星宿很重要。提到"斗"和"牛"，我们常会想起一个成语"气冲斗牛"，它来源于一个很有趣的故事。

张华伐吴

在三国后期，魏、蜀、吴三国都面临危机。蜀国先被魏国灭掉，很快魏国又被司马氏在内部连窝端掉，建立了晋国。这时只有东吴还偏安江东，司马氏决定寻找时机向东吴开战。

不料晋国的文官武将在谋划灭吴的方案时，星占家报告：斗、牛之间有紫气隐现。斗、牛之间的分野恰好是吴国，而紫气是吉祥之气，这是不是象征着吴国将会兴盛？于是很多人都认为不能在这时候举兵伐吴。

但晋国的重臣张华不这样认为。张华是个武将，又是文人，有非常著名的《博物志》传世，后面我们还会引用他讲的故事。他分析了晋吴两国的政治形势，认为东吴的皇帝孙皓残暴无道，导致民怨沸腾、国家即将崩溃，因此此时是伐吴的最好机会。他的观点得到了皇帝司马炎的支持，于是他作为将领之一，率晋国大部队讨伐东吴。几个回合的较量后，晋军获得胜利，东吴皇帝孙皓投降，被带到洛阳关进了监狱。张华也因此被表彰和封赏，名重一时。

紫气更盛的缘由

晋灭吴之后，人们发现，斗、牛之间的紫气不但没消失，反而更盛了。张华感到奇怪：这紫气肯定不是代表吴国强盛，那么它代表什么呢？他

找到一个会望气观天的人雷焕，问他这是怎么回事。雷焕说："斗、牛之间的异常之气，根本不是东吴强盛的征兆，而是东吴一带的地下埋着稀世宝剑，它的精气上达天庭，直冲斗、牛所致。"

张华一听这话，恍然大悟："噢，我明白了！我年轻的时候，遇到一个相面之人，他仔细端详了我之后，说我60岁时当有高官厚禄，腰佩稀世宝剑。看来今天终于要应验了！你能看出宝剑藏在哪个地点吗？"

雷焕说："我仔细观测过，看出来了，宝剑在豫章（今江西南昌）丰城。" 张华说："既然你能望'天'气，一定也能望地气了，我想委屈你到丰城县做官，帮我秘密寻找这把宝剑，如何？"雷焕同意了，于是张华就任命雷焕为丰城县县令。

丰城剑气冲斗牛

找到稀世宝剑

雷焕到任后，白天处理政务，晚上就到处寻访，看宝剑埋在哪里。一天夜里，他发现县城东南角有紫光忽隐忽现，光中带有杀气。他惊喜地说："这是宝剑无疑。"再走近看，原来那紫光是从县城大牢下发出的。雷焕立刻让随从去挖，随从们掘地板，挖房基，一直挖到四尺多深时，果然出现了一个很大的石匣，打开石匣后，满屋马上金光万道。原来石匣里面有两把绝世宝剑，一把上面刻着"干将（gān jiāng）"，另一把上刻的是"镆铘（mò yé）"，还有一些怪字，无人能认。宝剑刚一出土，雷焕再出去观天象，就发现斗、牛间的紫气已经消失了。

雷焕用大盆盛水，把剑放到水里，宝剑越发炫目，简直像两条冰，说明这是两把龙剑。雷焕带着其中一把去见张华，细说了寻找和挖掘宝剑的经过。张华非常高兴，留下宝剑，对雷焕予以提拔和重赏。

回头，张华仔细把玩这把宝剑，他认得剑上的文字，发现这是"干将"雄剑，因此他认定还有一把"镆铘"雌剑被雷焕留下了。他想，既然雷焕有望气的手段，必不是凡人，就不再追问这事。

雷焕手下的人对雷焕说："你只送一把剑给张华，留下了一把，张大人就那么好骗吗？可别招祸呀！"雷焕回答说："这宝剑是灵异之物，不会永为人用的。本朝即将发生动乱，张华自己的下场还不知如何呢，更何况这两把宝剑了。"果然，不久后张华死于八王之乱，那把宝剑也不知去哪儿了。

龙剑相会

再说雷焕的这把宝剑。许多年后，雷焕去世，宝剑由他的儿子雷华佩着。有一天，雷华带着宝剑走过延平津（今福建南平），宝剑突然从他腰间的剑鞘里跳出，落入水中。雷华大惊，急忙派人潜入水中去寻找，结果没见到剑，却见有两条好几丈长的巨龙卧在水底。

入水的人吓得魂飞魄散，赶紧游上水面，正向雷华汇报时，只听远处水面"哗啦啦"一阵巨响，回头看去，只见两条巨龙腾空而起，向北飞去。原来，张华的那把龙剑此前化作一条龙，潜伏在延平津等待另一把龙剑的到来。这时，两条神龙终于相会飞走了。

据说，这两条龙飞了很远，最后它们双双飞到今山东荣成市石岛湾的上空，见这里风光秀丽，便落了下来。"镆铘"落在海面上，成为一座龙岛，以后人们就叫它"镆铘岛"；"干将"则落在北海岸，化作一脉龙山，即现在的"干将山"。镆铘岛和干将山像一对门神守护着石岛湾，所以，有时海湾外大雾弥漫、海浪滔天，海湾里却天朗气清，风平浪静，是船舶的避风良港。挖出宝剑的丰城也因为这个故事被后人叫作"剑邑"。

诗词赏析

华生篇（部分）
【宋】司马光

丰城古剑沈沦久，
匣中夜半双龙吼。
乃知神物不自藏，
紫气依稀见牛斗。

堪笑
【宋】方岳

堪笑张华死不休，
谩精象数古无俦。
中台星拆何曾识，
祗识龙泉动斗牛。

咏史诗·延平津
【唐】胡曾

延平津路水溶溶，
峭壁巍岑一万重。
昨夜七星潭底见，
分明神剑化为龙。

7. 兵力悬殊的赌博——淝水之战

因为斗、牛二宿的分野在江南、吴越一带，所以在古代的记载中，这一带的战争常常与斗、牛二宿的星象有关。下面我们再讲一个淝（féi）水之战与斗、牛星象的故事。

苻坚不顾星象，决意南征

晋王朝经过八王之乱后，迫于北方胡人的强大压力仓皇南渡，在江南建立了偏安一隅的朝廷，史称东晋。这时北方正经历"五胡乱华"的混战，其中氐族苻（fú）氏建立的秦国强大起来，史称前秦。前秦逐渐统一了中国北方。公元 383 年，秦王苻坚召开御前会议，提出征讨东晋的计划，决心统一中国。

会议中，很多大臣都反对南征。有的说："我国打仗已打了多年，国力有限，兵士来源很杂，斗志也成问题。"懂星象的大臣说："今年木星、土星都'守'在斗、牛之间，星占学一直认为，木星、土星镇守某星宿，其分野对应的国家将五谷丰登，而与它对称的天球另一头的星宿对应的国家则有灾殃。斗、牛二宿正是东晋的分野，说明东晋国运正旺；而与它们对称头的星宿是井宿，是首都长安（今陕西西安）的分野，说明秦国会有灾殃，所以千万不能南征。"

但苻坚南征的主意已定，他搬出历史来说事："100 多年前，晋国伐吴，没管斗、牛间有紫气那回事，照样取得了成功。老天那么远，怎么就能决定我们的命运？我现在这支庞大的军队，光把每个人的鞭子投到长江里，就能让长江断流，还在乎东晋的那一小撮弱兵？"

苻坚的分析，用现代人的眼光看，是有道理的。星体那么远，决定不了人的命运；他率庞大的军队进攻江南，确实能席卷东晋。于是苻坚亲自率领步兵 60 万人，另率骑兵、羽林军 30 万人，从长安南下。同时，苻坚又命令梓潼太守裴元略率水师 7 万人从巴蜀沿长江顺流东下。大军前后千里，旌旗相望，水陆齐发，向建康（今江苏南京）进军。

苻坚大军压境，谢石孤注一掷

消息传到建康，东晋朝野一片紧张，因为他们只能集结 8 万人——8 万兵士与 97 万大军对抗，除非有神仙相助，否则看不到任何希望。在廷议中，朝廷多数人主和，但丞相谢安坚决主战，结果主战派占了上风。晋帝司马曜（yào）任命谢安的弟弟谢石为统帅，率领 8 万兵士沿淮河西上，迎击秦军主力。

谢石明白，这场战役是一局胜算极小的赌博，只能听天由命。他率领部队到达淝水（东淝河，在安徽合肥以北）时，又听到寿阳（今安徽寿县）被秦军占领的消息，十分沮丧。

苻坚发现晋军兵弱粮少，实在是不堪一击，得意之中做出了一个忘形的举动：派人前往谢石营中劝降。他想，兵书说"不战而屈人之兵，善之善者也"，如果兵不血刃，把这一小撮送死的队伍吓住，岂不更能证明我决意南征的英明？

苻坚的这个思路是对的，但他选的劝降人不对——他选的人是不久前刚刚战败投降的东晋军官朱序。朱序是被俘后迫于压力投降的，苻坚怎么能让这样的人回去劝降呢？

果然，朱序来到谢石的军帐中，马上念起故国旧情，结果不但没劝降，反而替晋军出谋划策。他对谢石说："如果苻坚的大军一起压来，咱们必败无疑，但现在他们的大军前后拉开上百里，你只有立即行动，和他

天文卡片

古书经常"牛""女"并提，它们是不是就是我们熟悉的牛郎、织女？不是。牛、女二宿在黄道十二宫的摩羯、宝瓶附近，宿中的星星大都很暗，并不显眼。它们在很早时就被称作牵牛、婺（wù）女。婺女有时写成"务女"，指劳动的农家妇女。而织女星是"天孙"，即天帝的孙女，她们的地位差别是非常分明的。

"婺"字比较少见，不过我国有好几个地名是带"婺"字的。古代有婺州，在今天的浙江金华地区，金华的地方戏则称婺剧。沿金华江上溯，进入江西境内，有一个县叫婺源。按分野，婺女宿对应的地方就是这一带。可见古人在设立星宿的名称时，是很讲究天地的对应关系的。

们的先头部队决战，才有胜利的希望。"谢石本来想坚守，可是这么点儿人，能守几天？别无选择的他决定孤注一掷，于是率部队向淝水进发。朱序也回去向苻坚报告，说自己劝降未成。

秦军自相践踏，瞬间扭转局势

谢石的部队到了淝水南岸，只见北岸密密麻麻地全是苻坚的兵马，怎么办？谢石只好硬着头皮派人告诉苻坚："你们带兵深入，怎么又不动了？是不是害怕了想固守？有本事你们向后退几里，让我们渡河，然后咱们再开战。"

苻坚听了这话，忍不住仰天大笑："好你个谢家小子，竟敢在本王的眼皮子底下渡河！好，咱们先退几步。"他又跟大将苻融说："等他们渡到河中央，不用大军，用咱们的铁骑就能让他们全军覆没。"于是下令后退。

苻坚忘了，他手下的兵士是素质不齐的杂牌军，阵容庞大却缺乏统一号令。命令"后退"，大家都转身乱跑，越跑越没了章法，甚至演变成了一场骚乱，导致人马互相践踏。朱序还躲在后面高喊："秦军败了！"一个不凑巧，大将苻融的马被挤翻，苻融竟被乱军踩死。

谢石见敌人纷纷后退、乱成一团，大喜过望，迅速渡过淝水，闪电般地展开追击。秦军除了跑还是跑，听到风声与鹤叫，都以为是晋兵追来了，看到八公山（在今安徽淮南）上的草木，都以为是埋伏在此的晋军。其实晋军能有多少人？苻坚在后退的人流中，也中了一箭，差点儿丧命。谢石带领这区区8万兵马乘胜攻进洛阳、彭城（今江苏徐州），收复了大批失地。苻坚逃回首都，不久就被部下所杀。前秦政权很快瓦解，东晋得以偏安江东。

　　这就是著名的淝水之战。按我们的分析，木星、土星镇守牛、斗并没有起什么作用，是苻坚的得意忘形、谢石的大胆拼命、再加上一连串好运气，才使东晋获得了胜利。

　　这场战役使中国的再次统一推迟了约两个世纪，还留下3个成语：投鞭断流、草木皆兵、风声鹤唳（lì）。

淝水之战

第五章

西方白虎与南方朱雀的故事

下面我们来看一看西方白虎七宿，它由奎、娄、胃、昴、毕、觜、参七宿组成，而这七宿组成了一只咆哮的猛虎。将苍龙星座与白虎星座做比较后，我们会注意到，苍龙星座是头朝西的，按顺序，"角"是龙角，"亢"是龙颈，等等；而白虎星座的朝向正好相反，奎宿是尾巴，娄、胃是肚子，昴、毕是胸部，觜、参是前爪和头。

我们前面曾经提到过，在初春的晚上，古代的观星者站在旷野，看到东方正升起的星座，就把它们想象为一条腾云驾雾的神龙，称"东方苍龙"；而向西看，则把西方七宿想象成一只猛虎正要没入西天，称"西方白虎"。看来古人在设计苍龙和白虎时大有深意，因为这时候看去，它们的头都朝着朱雀的方向。

奎宿是西方白虎的第一宿，共有 16 颗星，排成中间小、两头大的鞋底状。鞋尖附近就是著名的"仙女座大星云"（即仙女星系），它是离银河系最近的大星系，所以肉眼就能看出它是一个纺锤形的光团。

前面曾提到，古代文人经常把"奎宿"当作"魁星"，其实它们并没有关系。奎宿又叫"奎木狼"。《西游记》里有一个奎木狼下界的故事，说奎木狼在天上与侍香的玉女暗中相好，于是两人就相约下界。玉女托生在皇宫成了公主，奎木狼下界变作妖魔，占据名山，又摄公主到洞府，做了 13 年的夫妻。后来它因为劫持取经的唐僧，被孙悟空打败。孙悟空上天一查，奎木狼已下界 13 天了。玉皇大帝立刻派二十七宿出天门，招奎木狼回来，贬他去兜率宫给太上老君烧火。

西方白虎

1. 太白蚀昴与长平之战

在我国南方的黎族中，流传着一个昴宿七星的故事。相传山间有一户农家，老父带着7个孩子以耕田为生。这家人开始是用牛耕田，后来由于入不敷出，只好把牛杀掉吃肉。那么耕田怎么办呢？老父就让7个孩子代替牛来拉犁，他自己在后面扶犁播种。可后来还是入不敷出，老父又把家里仅有的一头猪杀了吃肉。猪肉吃完后，7个孩子商议集体逃跑，便把啃剩下的猪嘴丢掉，把犁也扔在一边，跑掉了。这样，7个孩子升上天成了现在的昴星团，啃剩下的猪嘴成了毕宿，扔在一边的犁成了星宿。

为什么说毕宿是猪嘴变的呢？原来，毕宿有8颗星，构成Y字形，像猪张着大嘴巴。另外，南方朱雀的星宿七星非常像一只耕田的犁，民间多称它为"犁头星"。

昴星团里有一颗星比较暗，视力不太好的人可能看不到。所以这个故事又接着说：7个孩子中，后来有6个结了婚，最小的一个无人照管，总是乱跑，所以我们常看到昴星团是6颗星。

昴宿是一个很特别的星座，它非常显眼，但它显眼并不是因为亮，而是它有7颗星挤在一起，形成密密麻麻的一团，所以在冬天的晚上，我们往往一抬头就能注意到它。古人把它当作冬天的标志——天黑后看到昴宿在南天正中时，就说明已到冬至时分。

这一团星，现在就叫昴星团，用望远镜看，可远不止7颗，实际上共有400~500颗星。因为它特殊的形态，各国人民对它都特别重视，根据自己的想象给它取了各种名字。古希腊人称它为"一串葡萄"，阿拉伯人叫它"一团乱麻"，法国人说它是"母羊领着一群羊羔"，英国人称它为"母鸡抱窝"，等等。

那么，中国古代人把它形容成什么呢？也很有趣：人的"披头散发"。按分野，昴宿属冀州，即今天的河北一带；按北方战场的形势，当然代表北方的少数民族了。因此，昴宿被看作胡星，又叫髦头（即"披头散发"，因为那时的胡人大多披散着头发）。星占书上说，当昴星亮而跳动时，北方胡人就要进犯边境了。

长平之战拉开序幕

战国时期，有一场著名的战役——长平之战。这场战役与昴宿有关系，因为赵国正是昴宿的分野；也与金星有关系，因为金星是"天之将军"，主秦地。战役发生时，恰好出现了"金星犯昴星"的天象。可想而知，人们看到这个天象会是怎样地震惊！

战国中晚期，秦国日益强盛，到秦昭王时，秦国已成为七雄中实力最强的国家。秦国随即开始向周边的韩、魏、赵三晋扩张，先使魏屈服，又大举攻韩，把韩国的上党（今山西长治）与韩国内地的联系切断，准备吞掉上党。上党的郡守不愿意归顺霸道的秦国，就自作主张，归附于邻近的赵国，以求保护。赵国是一个比较强盛的国家，赵王想：这么大一块土地，不要白不要。于是赵王就接纳了上党，并派兵驻守。

看到马上到口的肥肉被赵国吞下了，秦王大怒，立刻派兵千里奔袭，前去攻打上党。赵王得到了消息，心想自己也不是好惹的，于是立刻派大将廉颇率领浩浩荡荡的大军前去阻击。不料没等廉颇大军赶到，上党就已经陷落了。败退的赵国残兵在长平（今山西高平一带）与廉颇大军会合，在此拉开了长平之战的序幕。

秦军使用诡道

廉颇为了夺回上党，立即向秦军发起攻击，不料秦军太强，赵军几次进攻都被击退。老将廉颇的作战经验非常丰富，他看情形不对，立刻改变了策略。他认为秦军远来，粮草有限，一定不能坚持太久；赵军应该构筑营垒，坚守不出，用骚扰的方式来挫秦军的锐气，再寻机反击。

这个策略果然奏效了，秦军想进攻，却得不到对方的"配合"，于是两军在长平对峙。这样拖下去对远道而来的秦军极为不利。

《孙子兵法》称："兵者，诡道也。"就是说，用兵是一种"诡诈"的道，不一定只是靠兵马硬拼，必要时可以不择手段地去争取胜利。秦军决定使点儿诡道，除掉老谋深算的廉颇，于是派间谍收买赵王左右的权臣。被收买的权臣向赵王吹风："廉颇太老了，早已没有以前的斗志，也许有一天迫于压力向秦王投降呢。而且秦国根本不怕他，秦王说了，只要赵括不当统帅，秦国就一定能打赢赵国。"

秦赵都换了统帅

赵王一听这话，深信不疑，立刻决定撤掉廉颇，任命赵括为统帅。赵括是什么人？他是赵国已故名将赵奢的儿子，虽然没打过仗，但从小就熟读各卷兵书，能问一答十，谁都难不倒他。

赵括认为廉颇过于谨慎，老年人常有这种毛病，所以他一上任就马上改变了廉颇的战略方针。兵书不是说"进攻是最好的防御"吗？他决定主动出击，一举夺回上党，没准儿还能乘胜攻进函谷关，直捣秦国的老巢咸阳（今陕西咸阳）呢！

秦王见赵王将统帅换成赵括，高兴得几乎发狂，他也立即将秦军统帅换成了广武君白起。白起威名远扬，是战国时期杰出的军事家。为了不吓着赵括，秦王继续耍花招：主帅的名字全军必须对外保密，透露者斩首。

纸上谈兵的结果

白起到任后，马上部署了后退诱敌、围困聚歼敌军的作战方案。他设好圈套，就等赵括往里钻了。

再说赵括，他拆除了防御工事，亲自率领精锐部队，开始向秦军最弱的防线发起猛攻，很快就突破了秦军的防线。原来秦军也不过如此！赵括信心十足，命令继续进攻，以扩大战果。

赵军继续前进，忽然遭到了秦军的顽强抵抗。赵括又发现不远处尘土飞扬，这时他才明白事情不妙，赶忙下令退兵。但为时已晚，埋伏好的秦军已经迅速赶到赵军的后方，正好把几十万赵军装进他们的"大口袋"里。

这时，赵括只顾带领部队四处拼杀，想冲出重围，但怎么也冲不出去。他忽然想起前统帅廉颇的"坚守法"，于是他决定构筑营垒，转攻为守。

可是他不知道，现在的形势已和前几天不一样了，现在的赵军是在包围圈里，坚守等于坐以待毙。

秦军倒是不着急了，就这样包围了赵军整整 46 天。赵军耗尽了所有粮草，将士饿得杀掉战马充饥，赵括见这样下去肯定要完，又改变战略，决定拼死突围。

他先后组织了 4 支敢死队，轮番向秦军阵地冲击，但仍然冲不出去。第五次，赵括亲自率领赵军最精锐的兵士上阵。"千军易得，一将难求"，他认为只要自己拼死逃回，就能重新集结兵士打败秦军。但结果还是失败了，他自己也死于秦军的乱箭之下。

赵括的故事也给后人留下一个著名的成语：纸上谈兵。

诗 词 赏 析

和甄云卿诗·其二

【宋】孙应时

谁贪上党误长平，白日尘沙万里冥。
死骨不应鲺末雪，哀歌长觉气如屏。
经生未减公孙董，边将何如去病青。
安得君侯提八陈，春风犁偏漠南庭。

金星

毕 昴

长平之战

白起坑杀降兵

赵军本来就饿得连兵器都快提不动了，又失去了统帅，心理防线彻底崩溃，40万大军全部解甲投降。

战国时期盛行以强凌弱，几乎没有什么"国际公约"和游戏规则，何况秦国是靠武力强盛起来的，非常信奉自己的"棍棒逻辑"。为了让赵国彻底灭亡，白起把这40万饥饿疲惫，仍在庆幸自己未死的俘虏全带到一个长长的深谷之中，命人把谷口两端封死，然后让预先埋伏在山顶上的秦军抛下土石，将40万人全部坑杀。

这样，赵国的青壮年被铲除了一大半，全国陷入一片恐慌和绝望之中。白起可不管这些，毕竟"一将功成万骨枯"，他决定乘胜前进。连攻下10多座城之后，秦军直逼赵国首都邯郸（今河北邯郸），赵国灭亡似乎指日可待。

赵国也用诡道

不料，这时兵法中的诡道又起作用了。欺诈并不是秦王的专利，赵王吃了一次亏后也学聪明了："你坑我廉颇，我为什么不能坑你白起？不就是用重金收买人吗？我总能找到见利忘义、卖主求荣的人。"于是赵王表面与秦国议和，暗中却派说客带着厚礼到咸阳拜见秦国的相国范雎（jū）。

范雎是一位著名的谋士，原是魏国人。他提出了"远交近攻"策略，不管你们这些国家对我怎样，反正远的我就结交，近的我就打你，逐步蚕食他国以扩大地盘，使秦灭六国的事业程序化。秦王极为满意，拜他为相国。赵王的说客对范雎说："白起在长平一战中出尽风头，现在又直逼邯郸。平了赵国是好事，可我为您担心呀！到了那天，他可就是秦国的头号功臣，权力就要重新分配了。您现在的地位在他之上，将来您就不得不位居其下了！"

许多谋士都认为自己的利益高于他所服务的国家的利益，所以范雎听了这话一阵心慌，问对方有何对策。赵王的说客说："赵国已那么衰弱，不打自垮，还管他做什么？您何不劝秦王同意与赵国议和。这样白起空手而回，功劳有限，您的地位就稳如泰山了。"

太白蚀昴的两种解释

就在这时，突然出现了金星"走入"昴宿（太白蚀昴）的天象。

白起找来术士解释这个奇特的天象，术士说："昴宿的分野正是赵国，金星是'天之将军'，主秦国，所以'太白蚀昴'预兆着秦将灭赵。"一听是天意如此，白起顿时干劲十足，他派一个姓卫的学士回首都向秦王请示，要求增兵增粮，攻打邯郸。

卫先生赶到咸阳见了秦王，述说了白起的请求。范雎对卫先生的到来感到很恼火，就派人悄悄把他杀了，然后劝秦王："金星是'天之将军'，'太白蚀昴'恰恰是天之将军助赵的预示，对我们不利呀！白起打了胜仗，连大王您都有点儿不放在眼里了，会不会起了异心？秦军连年在外，也需要修整了，不如暂时息兵，允许赵国割地求和。"秦王早就对白起疑心重重了，担心他功高震主，于是采纳了范雎的主意。

结果，赵国献出 6 座城池，两国罢兵，白起回来也没了兵权。两年后，秦王又决定发兵攻赵，而这时赵国又起用了老将廉颇，秦军连连失利。秦王准备让白起挂帅出征，白起却装病不答应。秦王生气地说："除了白起，难道秦国无将了吗？"后来秦王免掉白起的官职，将他赶出了咸阳。这时范雎又对秦王说："白起一直心怀怨恨，可不能让他跑到别的国家去带兵，那会成为秦国的大害呀！"秦王一听，就派人向白起赐了一把宝剑，让他自刎（wěn）。

白起拿着宝剑，呼天抢（qiāng）地："老天，我白起犯了什么罪？对，在长平之战中，我坑杀了手无寸铁的赵国降兵 40 万人，罪该万死！"说毕，白起便举剑自杀。

据现代学者考证，公元前 260 年长平之战后，确有金星运行到昴宿处的天象。

知识拓展

古书上说"月离于毕雨滂沱（pāng tuó），月离于箕风扬沙"。其意思是月亮经过毕宿时，就会下滂沱大雨；月亮经过箕宿时，就会刮风。《三国演义》中有一个"司马懿入寇西蜀"的故事。魏将司马懿（yì）率领 40 万大军，进犯蜀国。诸葛亮对手下将领张嶷（yí）、王平说："你们两人带领一千兵士去陈仓古道挡住魏兵。"两人吓得不敢去，这么少的人怎么挡得住呢？诸葛亮解释道："昨天我夜观天象，发现月亮正犯毕宿，说明马上要有连日的大雨，随时会有山洪暴发。大雨一来，魏兵还敢深入吗？所以你们尽管放心前去，等魏兵一退，我再派大军追杀他们一番。"

当然，这种"天气预报"在现在看来是没什么明显的科学依据的，但我们知道这些知识，对一些故事的理解就会更深入。

觜宿是个小星座，只有 3 颗不太亮的小星紧紧地靠在一起。古人把它想象为鸟的尖嘴，所以取名"觜"，觜就是鸟嘴的意思。这 3 颗小星恰恰相当于现今猎户座猎人的头部。

知 识 拓 展

《步天歌》是一部以诗歌口诀形式介绍中国古代星座的著作，出现于隋唐时期。它以三垣二十八宿为主体，把全天分成 31 个区域，介绍每个区域的统领星座，并仔细描述恒星的数目和位置。《步天歌》以七言押韵的形式编写歌词，简洁通俗，朗朗上口，容易记诵，是古时初学观天认星者的必读书。

2. 参商不相见的传说

西方白虎七宿中的最后一宿是参（shēn）宿。大家一定熟悉或者听说过西方星座中的猎户座，巧的是，中国星座中的参宿七星与猎户座里的 7 颗亮星完全吻合。

参宿这 7 颗星，有两颗是 0 等星，5 颗是 2 等星，这些闪亮的星星，使参宿成为天上最亮、最壮观的星座之一。参宿代表西方白虎的头，但在早期文献中，参宿本身被描述为一只站立的老虎。《步天歌》里是这样描写参宿的："参宿七星明烛宵，两肩两足三为腰。""明烛宵"说明参宿灿烂耀眼；"两肩"是上边的两颗星，其中"左肩"是红超巨星参宿四；"两足"是下边的两颗星，其中"右足"是蓝超巨星参宿七。"左肩""右足"都是 0 等星，另外 5 颗是 2 等星；中间 3 颗星亮度相仿，均匀地排成直线，被古人想象为老虎的腰。这 3 颗星也是参宿的主星，分别名为参宿一、参宿二、参宿三。据说参宿的名字就是这样来的，"参"就是"叁"。

兄弟不睦怎么办

唐代大诗人杜甫有这样两句诗："人生不相见，动如参与商。"意思是两个人总是不能见面，就像参宿和商宿一样。"参商"常被人用来形容两人难以相见，而商宿就是东方苍龙中的心宿。那么，这个词是怎么来的呢？这就牵涉到参宿和商宿的故事了。

据古书记载，在远古时期，有一个叫高辛氏的人，据说他是黄帝的曾孙，后来还成了东夷部落集团的首领。他有几个儿子，老大叫阏（è）伯，老四叫实沈。据说阏伯是高辛氏的妃子吃了玄鸟（燕子）蛋后生下来的，所以阏伯认为自己与众不同。偏偏老四实沈是个人精，根本不服长兄。两人住得还挺近，抬头不见低头见，于是见面就吵，后来矛盾升级，改为见面就打了。再进一步，二人就干脆带人动刀动枪，互相征讨了。

高辛氏为此非常犯愁，本来兄弟间应该和睦相处，怎么这对兄弟却成了仇人？他们别的行为都很正常，难道这两兄弟天生犯相？看来是不能让他们成为近邻了。既然矛盾无法化解，那就让他们离得远远的，永世不再见面才好。

被分封的星座永不相见

高辛氏那时还是个普通部落的首领，于是他只好去找当时的总首领尧帝，求尧帝下令把这兄弟俩迁到互不相干的地方去居住。于是尧帝就颁布了一道诏令，把长兄阏伯封在商，把老四实沈封在大夏。

商，即现在的河南东部一带，大夏则在山西南部。这两处地方，以我们现在的眼光看离得并不远，但在远古时期，交通、通信都是非常落后的，兄弟俩住在这样两处地方，除非有意派兵，千里迢迢跨过许多封国征讨对方，否则是不可能再见面了。

那时已经有了初步的"分野"概念，商属于心宿的分野，尧帝就让封在"商"的阏伯天天观测大火星，因为观测大火星的位置可以较准确地确定季节、农时。后来观测大火星就成了阏伯的工作之一，该职位被称作"火正"。

山西南部的大夏那时则属于参宿（后来华夏疆域扩大，参宿的分野才移到陕西、四川一带），所以尧帝就让封在大夏的实沈主管参宿。

心宿和参宿的距离可就远了——它们遥遥相对，正好分布在天球的

天 文 卡 片

觜宿三星相当于现今猎户座猎人的头部，而猎户座的两肩、两足、腰部与参宿的"两肩两足三为腰"也完全吻合，这表现出人类对特别引人注目的星象的联想的共性。

参宿四、参宿七都是恒星中的"巨无霸"。参宿四的直径是太阳的 900 倍，它距离我们约 700 光年，亮度是太阳的 10 万倍。参宿四是一颗年老的红巨星，所以看上去散发出红色、耀眼的光芒。参宿七的直径约为太阳的 77 倍，虽然比参宿四小得多，但它温度极高，发蓝光，所以比参宿四还要亮一些，其亮度大约相当于 11 万个太阳的亮度。参宿七距离我们约 850 光年，如果它像天狼星一样离我们很近，那么我们看到的它就会像半个月亮那样亮。

两端。在天上，他们肯定是永远都不能再见面了：每当心宿高挂，参宿一定在地平线以下；等参宿冉冉东升，心宿则已悄然落下。

人生不相见，动如参与商

阏伯成火神

阏伯在他的封地做火正时勤勤恳恳，为了精确地观测大火星的位置，他还筑了一个高高的观星台。他把封地也治理得很好，因而很受当地人的爱戴。他死后，人们尊他为"火神"，把他筑的观星台称为"火神台"或"阏伯台"。由于他的封地为"商"，所以他的坟墓也被称作"商丘"，"商丘"后来成了地名沿用至今。阏伯的后裔后来建立了商朝，还追认阏伯为商的始祖。

与阏伯相关的故事还有一种风俗。因为阏伯是他的母亲吃了玄鸟（燕子）蛋生的，于是后来传说谁吃了玄鸟蛋，谁就能生贵子。因为玄鸟蛋难得，后人便以红鸡蛋（白鸡蛋也要染成红的）送给孕妇吃。

封于大夏的实沈，也把封地治理得很好。他的后代建立了唐国，子孙众多，后来归服于夏、商。据说晋国就是实沈的后代建立的。

后来，世间又多了一个词语"参商不见"。当然，它的原意是兄弟誓不两立，但后来人们在引用它时，除了用它表示"誓不两立"，还用它表示"不能相见""层次不同"等。杜甫的"人生不相见，动如参与商"，就是指朋友间总是无缘相见。

天文卡片

参宿往北，有一颗小星，叫"天关"。宋代至和元年（公元1054年）夏日的一个凌晨，朝廷的天文生正辛勤地值班，突然发现天关旁边出现一颗明亮的星星，其亮度超过了周围所有的星。天文生明白，这是"客星"出现了，于是马上上奏朝廷。那颗星星越来越亮，变得在白天都能被人看见，过了近一个月才慢慢暗下去，将近两年后才消失不见。中国的典籍为这颗客星留下了详细的记载。

客星消失后，这件事就过去了。到了1731年，英国一个天文爱好者用望远镜观测天体时，发现天关附近有一个朦胧的小星云。后来又有人观测它，发现它张牙舞爪地像只螃蟹，于是给它取了一个形象的名字"蟹状星云"。

到了20世纪，天文学家又发现这个星云的"个头"一年比一年大，原来它一直在膨胀。照这个速度往回推算，它应该是900多年前从一个点膨胀开来的。经考证，原来它就是1054年天关客星爆发形成的。

从千年前的爆发到膨胀成为星云，蟹状星云发射了各种射线，其中心还有一颗快速自转的中子星。蟹状星云简直是"全能天体"，是恒星演化的活标本，对天文学家研究天体物理极有帮助。而这一切，与中国人最早的辛勤观测和详细记录是分不开的。

与"参""商"相对应的西方星座猎户座、天蝎座也有类似的故事。在古希腊神话中，天蝎座是蜇猎户奥里昂的一只大蝎子，他们在搏斗中两败俱伤，从此互相躲避。天神宙斯后来把他们提到天上，放到天球上相对的两个方向，所以两个星座也永远不会同时在天上出现。

当然，因为心宿偏向天球赤道以南，如果我们把观察地点选在南半球，参、商是可以同时出现在天空的。从南纬29°往南一直到南极，这部分地区的人们都可能会看到参、商同时出现在天空中的景象。

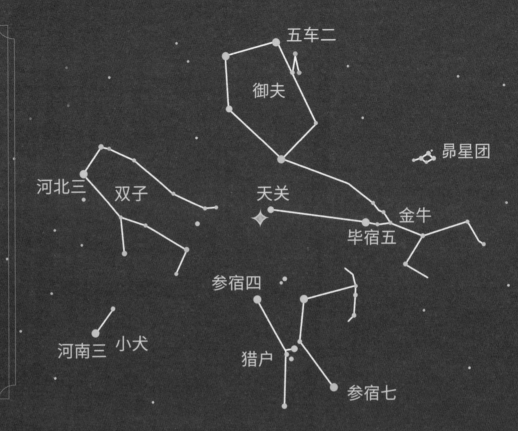

毕、参、天关客星

3. 康熙指认老人星

参宿往南，有全天最亮的两颗星，一颗是第一亮星天狼星，另一颗是第二亮星老人星（今船底座 α）。古人对老人星非常重视，遗憾的是，它的位置太偏南，在我国北方看不到它，只有在长江流域及以南的地方，人们才能在短暂的时段里从低低的南天中找到它。正因为这样，人们也叫它"南极老人星"。

怎样才能找到老人星呢？南方的朋友在每年农历二月的晚上，抬头先看到的是高挂的参宿三星，向下找到位于正南方的天狼星之后，再向下找，就可以在地平线上方看到老人星。李白有诗"衡山苍苍入紫冥，下看南极老人星"，就是指在南岳衡山上可以看见老人星。

还记得"西北望，射天狼"吗？在古人眼中，天狼星是一颗灾星。与天狼星的狼狈境遇相反，老人星在古人眼里是一颗吉星。星占家认为，老人星的出现是天下太平的征兆，这颗星出现时，将国泰民安、四海平定。

下面我们讲一个"康熙指认老人星"的故事。

清圣祖康熙，是清朝的一位著名君王。此人爱好广泛，对自然科学也有浓厚的兴趣。有一年南巡时，康熙曾经专门到南京的鸡笼山（鸡鸣山），登上观星台去寻找老人星。

鸡笼山东对紫金山，北临玄武湖，山明水秀，很多在南京建都的王朝都在这里建观星台。明朝初年时，朱元璋定都南京，钦天监也把观星台建在这里，后来康熙登上的就是明初观星台的旧址。

知识拓展

老人星又叫"南极仙翁""天南星"，因为主长寿，所以又称寿星。在民间，他是一个肉头高脑门的老神仙，拄着弯头长拐杖，手中捧着一个大寿桃。《西游记》中的寿星出场时，猪八戒就称他为"肉头老儿"，"肉头"就是指寿星突出的脑门儿。有一味药材名为"天南星"，它的名字是怎么来的呢？原来这类植物的药用部分——块茎看起来就像寿星的肉头，所以就被称作"天南星"了。

这天晚上，恰逢晴空万里、星斗满天。康熙带着大臣登上了鸡笼山观星台。

望着满天繁星，康熙问大臣们："你们谁懂天文呀？"

大臣们都知道皇帝懂天文，谁也不敢在这时表现，就都推说不懂。康熙看到大学士李光地站在不远处，就把他喊了过来："李光地，你不是精通天文历法吗？朕来考考你。"

李光地惴惴不安地走过来："回圣上，臣哪敢言精通？只不过照书本上的历法胡言几句而已。至于星象，臣全不认得。"

"全不认得？"康熙笑着指着正南方高挂的参宿三星，问："这是什么星？"

李光地回答："是参宿三星。"

康熙不满地说："你刚说全不认得，如何又认得参宿三星？"

李光地乖乖地说："回圣上，参宿三星人人都认识。至于别的星，臣实在不认得。"

康熙又问："哪颗是老人星，你知道吗？"

李光地当然不知道，康熙指着南天低处的一颗微微发着黄光的星星说："看到了吗？

南极仙翁

那就是老人星。"然后康熙又让人打开金纸做的星图，给大家指示老人星在星图上的位置。

李光地搜肠刮肚地找好话："据书本上说，老人星现，天下太平。"

没想到这话还是没说对。康熙说："都是胡说，老人星和天下太平

康熙指认老人星

与诸公送陈郎将归衡阳

【唐】李白

衡山苍苍入紫冥，
下看南极老人星。
回飙吹散五峰雪，
往往飞花落洞庭。
气清岳秀有如此，
郎将一家拖金紫。
门前食客乱浮云，
世人皆比孟尝君。
江上送行无白璧，
临歧惆怅若为分。

有什么相干？老人星在南天，可朕在京城看不见，难道说京城永远不太平？若再到闽广一带，连南极星也看得见，老人星哪一日不在天上？难道那里就永远太平了吗？"

李光地哑口无言，再不敢答话。康熙回到京城后，就把他的官职降了两级。

从这番对话看，康熙俨然精通天象。其实康熙也是现学现用，原来这年二月他到南京后，先派人问钦天监官员：老人星在江宁（今江苏南京）能看到吗？高度是多少？得到答复后，他让人计算好老人星的位置并事先观测，验准老人星的方位、距地平线的高度，然后报给他。康熙将这些内容熟记于心后，这才在一班大臣的前呼后拥下登上观星台，顺手把李光地捉弄了一番。

康熙确实头脑聪颖、对大自然非常好奇（也可以说是"热爱科学"），但他可能根本不知道科学对社会的巨大价值，只把它当成一种技艺，所以才有了这场预谋式的、捉弄人的对话。当然，到了清朝，由于西学的冲击，星占学已经不像以前那样被人们深信不疑了，连皇帝也不太信这一套，所以康熙才敢斥"老人星现，天下太平"为"胡说"。

据说他捉弄完别人后，站立在观星台上，仰视朱雀座，俯瞰玄武湖，心旷神怡，欣然挥毫，写下"旷观"二字。鸡笼山从此也被改名为"北极阁"，"旷观"二字如今就刻在北极阁的山体上，人们在城里都可以远远看到。

4. 井国始祖姜子牙

天狼、老人星的正北方是井宿，它是南方朱雀七宿的第一宿。南方朱雀是以鸟为图腾的少昊族的标志。少昊族是由东夷的"鸟夷"分支南迁，与南蛮部落融合而形成的一个大部族。后来南方朱雀就成了整个南方少数民族的象征。南方朱雀井、鬼、柳、星、张、翼、轸七宿再分为鹑首、鹑火、鹑尾3个部分。什么是"鹑"？据古书记载，鹑是凤凰一类的神鸟，所以朱雀就是一只"红色的凤凰"。有时后人把朱雀画成一只秃尾鹌鹑，这就有些偏离了古人的原意。

井宿八星排列得有点儿像口井，或者说像个"井"字。因为参宿七旁边有个玉井星座，而井宿在玉井的东面，所以井宿又叫"东井"。俗话说"井水不犯河水"，但是这口井正好打在银河边上，大概这样才能做到取之不尽、用之不竭吧。井宿上、下有北河、南河两个著名的星座，它们的全名分别叫"北河戍""南河戍"，"戍"即驻防，这两个星座像岗楼一样把守着银河渡口。其中北河三、南河三都是1等亮星。

知 识 拓 展

李白在《蜀道难》中所写的"扪参历井"，是用分野典故入诗的典例。按分野，井宿属雍州，即古代蜀地、关中一带。李白想表现蜀道之险，高到人抬手就可以摸到星辰。但天上的星辰太多了，以哪个为例呢？蜀国一带是参和井的分野，于是李白就有了"扪参历井仰胁息，以手抚膺（yīng）坐长叹（胁息，屏住呼吸；膺，胸）"这样的浪漫奇想。

南方朱雀

姜子牙直钩钓鱼

周朝时，关中一带有个井国。据考证，井国的始祖是姜子牙。姜子牙又名姜尚（也叫吕尚），字子牙，号飞熊。他从小聪明过人、胸怀大志，但生不逢时，早年家境贫困，一直靠在路边摆摊为生，70岁时还在商朝首都朝歌（今属河南）卖肉。后来他终于在朝廷中谋得一个官职，但他认为纣王昏庸无道，就辞官而去，在东海之滨隐居。

后来，姜子牙听说周国的姬昌在西岐一带举贤任能，于是跋涉千里，来到关中。但姜子牙这种有经天纬地之才的人，是不想直接上门毛遂自荐的，他必须先让姬昌真正认识到自己的价值。于是他就在宝鸡渭河南岸磻（pán）溪附近隐居，以待时机。

一天，他正在渭河边钓鱼解闷儿。一个砍柴人路过，见他竟用直钩钓鱼，鱼钩离水面三尺远，上面也没挂饵料。砍柴人忍不住

姜太公钓鱼　周文王上钩

哈哈大笑，说："哪有这么钓鱼的！"姜子牙听了此话，并不在意，只是微微一笑："老夫哪是钓鱼？老夫是一竿握在手，要钓王与侯，宁在直中取，不向曲中求！"

❀姬昌得人才❀

恰好这天，姬昌做了一个梦，梦见一只熊飞入他的床帐。第二天，他找术士分析，原来这个梦预示着他要得贤臣了，而这个贤臣在渭河边。于是姬昌便以打猎为名来到渭河边，找来找去，终于见到一个老人，他正坐在那儿悠然垂钓，这个老人正是姜子牙。

姬昌走上前去，问他叫什么，他答："姓姜，名尚，字子牙，号飞熊。"姬昌一听大喜，因为这正应了自己梦中所见，便坐下来向他询问天下大事。姜子牙指点江山，如谈家常。姬昌知道自己终于得到了人才，就把姜子牙扶上自己的车，亲自拉车，以示尊老敬贤。

你想，姬昌就是后来的周文王，一国之君怎干过这种力气活儿？拉了一里多地，姬昌实在拉不动了，只好停下。这时姜子牙开口了："你拉我走了808步，我保你大周一统天下，坐808年的江山。"听了此话，姬昌更是大喜过望。周国在四面诸侯的牵制、纣王的压迫下简直朝不保夕，若能一统天下，坐拥江山800年，岂不是上天赐福？于是他就拜姜子牙为太公，立他为国师。

❀姬氏建立周王朝❀

后来，姜子牙接连辅佐文王姬昌、武王姬发，南征北讨，联合诸侯讨伐商王朝。最终，商军大败，纣王自焚而死，姬发建立了周王朝。

古镜歌

【唐】张祜

小儿行把街中剧，
千年泮斗铜衣碧。
将金换得试磨看，
俄见洞门深一尺。
夜深时出仰照天，
二十八宿中相连。
青龙耀跃麟眼动，
神鬼不敢当庭前。
明朝擎出游都市，
一半狐狸落城死。

武王死后，年幼的成王姬诵即位，武王的弟弟周公旦摄政。周公旦能力出众，把国家治理得井井有条，但也得罪了许多既得利益者。于是这些人就散布流言，说周公旦有篡位的野心。流言传开后，人们纷纷咒骂周公旦，把他当成一个挟天子以令诸侯的当道奸臣。前面讲王莽时曾提到白居易的诗"周公恐惧流言日，王莽谦恭未篡时"，前句说的正是这段历史。但周公旦实际上是一个勤勤恳恳的忠臣，并无篡位的想法。后来成王长大，周公旦就主动把权力交还给成王了。对比周公旦前后的事迹，周人大为惭愧，从此尊周公旦为圣人。可想而知，他若早死，多半会被人们当作奸臣唾骂至今，也不会有人愿意梦见"周公"了。

回头再说姜子牙，他完成大业后，被姬发封到了齐国。但他特别怀念他起家的垂钓故地——宝鸡渭河边，就把他后代的一支留在那里。过去那里曾有井国，他的后代就用这个名字重建了井国。井国名气很大，最后按分野还升格上天，成了二十八宿之一。

5. 崔浩观星断兴衰

下面我们讲一个与井宿有关的故事。

话说当年前秦在淝水败退之后，元气大伤。苻坚退守洛阳后，听说已归顺的鲜（xiān）卑人在关中华阴（今陕西华阴）一带自立为王，称西燕。苻坚很恼火，就派儿子苻睿、大将姚苌（cháng）带兵前去讨伐。不料他们大败而归，苻睿也阵亡了。苻坚大怒，要向姚苌问罪。姚苌十分恐慌，就率领他的部队西逃，索性也自立为王，称后秦，占据了咸阳。苻坚再伤元气，日子越来越难过了，于是决定退回甘肃陇西一带，不料半路上又被姚苌伏击，成了俘虏。姚苌向苻坚索要秦国的传国玉玺，苻坚不给，结果被姚苌吊死。

就在前秦走向穷途末路，后秦取而代之的时候，鲜卑族拓跋氏建立的政权——北魏悄然崛起，后来渐渐强大起来，东征西讨、灭国攻城，大有统一中国之势。

北魏初年，国中出了一个叫崔浩的人。此人是个军事家、谋略家，上知天文，下知地理，通览经史百家，足智多谋、聪颖过人。明元帝拓跋嗣时期，崔浩在朝廷上做官。有一天，观星象的太史官上奏皇帝："火星前天还在匏（páo）瓜星座中，昨天夜里就忽然不见了，不知预示着什么。"拓跋嗣问星占家，星占家说："陛下，火星可能是下界来到哪个国家了，它降临的国家将会有危险。我估计，它会化作人形，教给儿童一些歌谣，这些歌谣暗含着将要发生的灾祸。陛下可以派人四处打探，看看它是不是在我们国家。"

拓跋嗣听了这话很紧张，因为当时北魏还不强盛，十六国"你方唱罢我登场"，家家朝不保夕。他赶忙召集了学士、儒生多人，与太史官、

知识拓展

井宿之后的鬼宿有 4 颗星，其组成了一个四边形，正位于今巨蟹座的蟹背上，相当于朱雀的头部。商周时期，现在的陕西扶风一带有个少数民族叫"鬼方"，它曾非常强大，是商、周的强敌，后来，春秋时期秦国才逐渐将它平定，但它的名字按分野还是留在了天上。

就因为这个名字，古人总把它与丧事联系起来。比如，鬼宿里边有一个模糊的天体，像一团云气，在先秦时期就被人们注意到了。古人可能想，这团云气在鬼宿里，自然是鬼气，所以给它取名"积尸气"。日本有一部动漫《圣斗士星矢》，其中的"巨蟹座圣斗士"与人开战时有一绝招——发射"积尸气冥界波"，这就是中西星座结合的产物。

"积尸气"并不是云气，而是与昴星团类似的疏散星团，现代称"蜂巢星团"。视力极好的人，如果在没有光污染的地方，遇上大气极干净的日子，就能看出它是由一颗颗微星组成的。

星占家一起商讨这星象是否与北魏有关，崔浩也被他召来了。

大家议论纷纷，但大都是胡乱猜测。这时，崔浩发话了："你们说的都没什么道理，还是让我来分析一下吧！火星是昨天晚上至今天早晨不见的对不对？昨天是'庚午'日，今天是'辛未'日，按二十四方位，庚、辛都属西方，所以，火星是下界到秦国去了。现在姚兴（后秦姚苌的继任者）占据咸阳，正应在他们身上。看来秦国要倒霉了！我推断，再过 80 多天，火星还会回来，那时它将出现在东井，对应的还是秦国。"

听了这话，众人都半信半疑。一个大臣说："火星失踪，你怎么知道得这么清楚？难道火星是你摘走的？还扬言火星在 80 多天后就会回来，你怎么能说这种荒诞不经的欺君大话呢？"

崔浩并不和他置气，笑着说："你的话先记下，到时候让事实说话，那时你最好把刚才说的话再重复一遍。"

果然，过了 80 多天，火星在东井出现了，先留，随后逆行，又留，盘旋了一大圈。这时，后秦关中一带一直大旱，赤地千里，连皇城昆明池的水都干了。传言四起，国内动荡。第二年，后秦国君姚兴去世，他的后代开始争夺王位，国家乱作一团。东晋乘机派大将刘裕（后来建立刘宋的开国皇帝）西征，将后秦灭掉了。

这样一来，大臣们就对崔浩的判断心服口服了。确实，行星的运行轨迹在古人看来是非常复杂的，尤其是火星，它忽东忽西，特别能迷惑人。崔浩精通天文，可能把火星的运行规律摸得很清楚，也琢磨透了天下形势，所以才敢下断言。

后来北魏越来越强大，并且统一了北方，与南方朝廷形成了南北分立的局面。

6. 犁头星的故事

我们再谈一谈星宿。星宿很特殊，它本身就是星，名字也叫"星"。星宿相当于南方朱雀的脖子，由7颗星组成，有时也称"七星"。有时人们提到它时，很容易将它与北斗七星混淆。看它的形状，还真有点儿像一个小北斗。不过在民间，特别是在少数民族的传说中，人们经常把它想象成犁头，前面我们讲关于昴星团的故事时，已经提到了这一点。在这里，我们再讲一个关于犁头星的故事。

从前，南方彝族的山寨里有一个青年，因父母都已不在人世，他只好到处流浪，靠农忙时为人家做短工为生。

有一天，他路过一个养羊的人家。羊圈就在房门前，因此路人在道边扶着羊栏就可以看到圈里的羊。青年手头无事，就扶着羊栏往里看，里面的羊朝他"咩咩"地叫着，煞是好玩。其中有一只母羊毛色发亮，两角弯弯，双眼炯炯，十分好看。青年忍不住赞叹了几声，还丢进几把草给它吃。看了一会儿，青年就走开干活去了。

不料第二天早晨，主人起来喂羊时发现，那只好看的母羊被人偷走了。他想起前一天那青年在羊栏前的行为，马上认定就是他偷走了母羊，于是叫人把那青年抓来，要依法惩治他。

青年是个本分人，他没想到自己多看了几眼羊，就被人诬陷成了偷羊贼。他十分委屈，大喊冤枉，找来毕摩为他评理辩护。

毕摩就是彝族的祭司，也是星占家，族里有了难以决断的案子，都是找他用神秘的方法进行断案。毕摩让青年登上祭坛的高台，等犁头星（星宿七星）升起后，向犁头星祈祷，请它作证。然后，毕摩从火堆中夹出一个红通通的铁犁头，放在青年身边，说："小伙子，请你用手提起这犁头，按犁头星的形状走7步，如果你没有偷羊，犁头星会保护你不被烫伤的，你也就证明了自己的清白。"

这种断案方法，在我们看来真是野蛮得吓人。不料青年毫不犹豫，弯腰就去提那犁头。就在这一刹那，毕摩喊："停住，年轻人，你敢提犁头，就已经说明了你是清白的，犁头星同意你不用提了。"断案结束，毕摩当众宣布青年无罪。

从这个故事中我们可以看出，用星占术决断某事经常要靠当事人对占星术深信不疑才能成功，至于星占家自己信不信，可能就只有天知道了。

毕摩断案

7. 黄帝轩辕氏

在南方朱雀的星宿上方、太微垣的西边，有一个著名的星座——轩辕。其中的一颗亮星轩辕十四非常有名，是黄道四大亮星之一，它附近还是狮子座流星雨的辐射点。

这个星座是用上古传说中的人物轩辕氏命名的。轩辕氏即我们中华民族的重要祖先黄帝。黄帝可能真有其人，是父系氏族社会中原地区的一位部落联盟酋长。他通过战争，使中原各部落实现了联合。后来，人们将各种美德集中在他身上，把各种发明创造也都归功于他，把他尊奉为带领中华民族从野蛮走向文明的人文初祖。

传说在远古时，渭河一带有个有熊国。国君公孙氏的夫人有一天去踏青，在郊野一个叫轩辕之丘的地方休息时，蒙眬中忽然感觉有电光绕着北斗七星，然后这片电光奔她而来，徐徐下降，照得山丘熠熠生辉。不久后，国君夫人怀孕了。

国君夫人怀胎 24 个月，最后生下一个婴儿。这婴儿落地就能走路，几十天后就会说话了，长大后，既敦厚沉稳，又聪慧敏捷，且隆准龙颜，一副君临天下之貌。因为怀孕之事起于轩辕之丘，所以父亲就给他取名轩辕；又因为他这么有天赋，就一直把他当作重点培养对象，还请了一位叫大项的贤人辅导他。15 岁时，轩辕氏继承父位，成了有熊国的国君，所以后人又称他为有熊氏。

当时炎帝神农氏是联盟酋长，但年老力衰，已无号召力。有个叫蚩（chī）尤的酋长横行霸道，导致战乱不休。后来轩辕氏领兵与蚩尤大战于涿（zhuō）鹿之野，终于打败了蚩尤，于是轩辕氏被尊为联盟酋长。因为他出身于黄河流域，尊奉五行之一的黄土，所以从此被称为黄帝。

黄帝轩辕氏

这时炎帝神农氏发现自己地位不保，忽然大为不满，遂起兵反抗轩辕氏。经过炎、黄火并，最后还是黄帝胜利了。后来炎、黄二帝的部落合二为一，互相通婚，成为中华民族的共同祖先。

轩辕氏在位时间很长，据说他发明了文字、音乐、车船、房屋、衣服、指南车等，使我们的先祖迈入了早期文明社会，迎来尧、舜、禹、汤时代。他的继承人仍称轩辕黄帝，迁徙到了陕北黄陵、河南新郑等地。

正因为黄帝轩辕氏在历史上的重要地位，天文学家把天上这个大星座命名为"轩辕"。

8. 晋献公假途伐虢

前面我们提到，南方朱雀七宿可以分为鹑首、鹑火、鹑尾 3 个部分，这是古代的"星次"划分法。柳、星、张三宿属于"鹑火"星次，类似于东方苍龙中的大火（心宿二），代表心脏，"鹑火"也是南方朱雀这只大凤凰身体的中心部位。接下来我们讲一个春秋时期与鹑火有关的故事。

晋国打虢国、虞国的主意

春秋时期，诸侯国林立，它们不断互相兼并。在山西一带起家的晋国逐渐强大起来，不断兼并、蚕食周围的小国。晋献公在位期间，晋国南面的两个小国——虢国和虞国，被晋国看中了。

可是，怎么吞并它们，晋国却要费一番脑筋。虞国与晋国接壤，虢国则在虞国的外边，这两个小国虽然地狭人稀，却是同姓毗邻，结有攻守同盟，无论晋国先打哪一国，另一国就会马上宣布对晋国开战。先打虞国，虢国立刻会增援；先打虢国，更有虞国挡着，根本过不去。

晋国有个大臣叫荀息，他点子很多，于是向晋献公提议："虞公这个人我知道，他既贪财，又轻信。我们可以这样做：把晋国宫中最珍贵的宝贝赠送给他，这样就能彻底取得他的信任，然后我们提出向虞国借道攻打虢国，叫虞公别插手。等灭了虢国，虞国还不好收拾吗？"

听了这主意，晋献公连连称赞："妙！妙！"可他转念一想，说："宫中最珍贵的传世之宝，就属我那块垂棘美玉了，最值钱的就是我的坐骑屈产宝马，把它们送给虞公，我还真有点儿舍不得。如果他收下这两件宝贝，仍然不肯借道给我，那怎么办？"

诗词赏析

春秋战国门·宫之奇

【唐】周昙

虞虢相依自保安，
谋臣吞度不为难。
贪怜璧马迷香饵，
肯信之奇谕齿寒。

荀息说："虞公如果不想跟我们合作，他一定不敢收这些宝贝。如果他收下了，肯定会借道给我们的。您有什么舍不得的呢？这两件宝贝拿出去，不是送给他，只不过是暂时寄存在他那里罢了。或者不如说，虞国很快就是我们的地盘了，我们将垂棘美玉放在虞国，就好比把它从您的里屋搬到外屋，把屈产宝马给虞国，也相当于把马从马厩牵到院外遛了一圈。到时候，您说取回，不就取回了吗！"

宫之奇劝谏不成

晋献公同意了，于是派荀息带着美玉、宝马出使虞国。虞公见到晋国送这样的大礼，不放心地问："这都是稀世珍宝，为何送给寡人？"荀息说："我们晋君特别仰慕您的贤明，敬畏你们的强大，所以不敢私藏宝贝，愿意将它们献给您，以此表示我们与您永远交好的诚意。"虞公顿时心花怒放，一边接礼一边说："你们一定有什么事要我办吧？尽管提好了。"

荀息说："虢国老和我们晋国作对，我们想借你们的道过去教训教训它们。我们是正义之师，回来之后，战利品全都留给你们，怎么样？"虞公立即答应下来。

虞国大夫宫之奇是一位有远见的谋士，听说此事后，赶快来劝说虞公："不行呀，借道给晋国万万使不得。虞国和虢国像颊骨（脸部的骨头）和牙床那样不可分开（辅车相依），有事可以彼此照应，如果虢国被灭了，我们虞国也就难保了。您想想，没有了嘴唇，牙齿还不得立刻受到风寒（唇亡齿寒）吗？国际间的交往，可不是玩游戏呀！"

虞公不耐烦地说："人家晋国跟咱们连宗，连美玉、宝马都送给咱们了，还能坑害咱们？哪能连条小道走走都不借给人家？"宫之奇不善辩，人又有些懦弱，见虞公固执己见，只得连声叹气，不再劝说。为了避祸，他带着一家老小离开了虞国。

❀童谣预示战事❀

随后，晋大夫里克、荀息统率晋国军队进入虞国，沿着虞国的官道奔向虢国。

就在这时，儿童在游戏时唱起了这样的歌谣：

"丙日过，星星落，日龙尾，月天策，鹑火正中天，虢公奔河洛。"

于是晋献公找星占家分析这首童谣，星占家说："童谣的意思是，丙日那一天，星星落下，说明是早晨，太阳在'龙尾'的位置，也就是在尾宿，月亮在天策（傅说）的位置，这时鹑火正在中天，虢公逃窜到洛阳去了。"

晋献公听了非常高兴："这不正是说虢国被打败了吗？真是天助我也！那么，丙日是哪一天呢？"星占家掐算了一会儿，说："下一个丙日快到了，在十月初，那天也正好会出现这些天象。"晋献公大喜："好！就在这天拿下虢国。"

丙日那天，晋献公下令发起总攻，不久就拿下了虢国，虢公果然逃亡到了洛阳。

晋军随即凯旋，携带大量战利品经过虞地时，虞公以为那些战利品都是给他的，就亲自到城门外迎接。这时，晋献公也从晋国率大军赶来。在虞公和百姓的夹道欢迎中，晋献公一声令下，兵士上前把虞公五花大

知识拓展

南方朱雀为少昊族的图腾，汉高祖刘邦出生于沛县，正是少昊族的后代，所以汉室自认为有火德（因为南方朱雀按五色分配属于火），要代替西方白虎的秦，西方属金，按五行的说法，正是火克金。

绑起来，随即大军轻而易举地进入虞国都城，把虞国灭掉了。荀息找回美玉和宝马，亲手把它们还给晋献公。晋献公摸着这两件宝贝，得意地说："好！这美玉一点儿没变样，只是这宝马又多长了几颗牙（马齿徒增）。"

这个故事给我们留下 4 个成语：假途伐虢、辅车相依、唇亡齿寒、马齿徒增。

唱童谣

第六章

五星连珠
串联起的历史

天干地支是中国特有的一种顺序法，开始主要用于历法方面，后来扩展到序数以及日常的分级、分类等方面。天干为 10 个字：甲、乙、丙、丁、戊、己、庚、辛、壬、癸。地支为 12 个字：子、丑、寅、卯、辰、巳、午、未、申、酉、戌、亥。它们按顺序自然搭配就组成了甲子、乙丑……共 60 组，俗称"六十花甲子"。中国历法长期使用干支纪年、纪月、纪日和纪时。其中，纪日法很特别，也出现得非常早，夏朝已经有天干纪日法，商朝又发展出了干支纪日法，从甲子、乙丑开始到癸亥结束，60 天为一个周期，不管年、月，循环记录，一直排到现在。

"五星连珠"是一种奇特而罕见的天象。五星指肉眼可见的水、金、火、木、土 5 颗行星，中国古代分别称它们为辰星、太白、荧惑、岁星、镇星（或填星）。它们都在黄道带上运行，有时在极为凑巧的情况下，从地球上看去，5 颗星在运行轨道中恰好接近，几乎聚在一起。如果从天外的视角看，这 5 颗星都在从地球延伸出去的某一方向上，大致排成一条直线，所以叫五星连珠。

由于聚集的方向不固定，聚集程度也不一，所以五星连珠谈不上什么固定的周期。那么，5 颗行星到底聚到什么程度才算五星连珠呢？这就看人们怎么规定了。首先可以肯定的是，五星聚得越近，发生五星连珠的频率就越低。古人常把具体的五星连珠称为五星聚于某宿。按二十八宿的平均宽度推测，"五星聚于某宿"的频率应该是每千年不超过 10 次。

正因为五星连珠罕见，所以每次发生时，人们都把它与人间的大事联系起来。据远古的传说，中国的干支历法是从黄帝即位的时间算起的。他即位的那一天，就是甲子年甲子月的甲子日，那天的子时是甲子时，而那一刻，也正好有五星连珠天象出现。当然，这只是传说而已，可考的干支纪年始于汉朝，究竟黄帝即位于哪一年，目前还没有定论。

后来人们又说，尧帝即位时是甲辰年，那年也出现了五星连珠。瞧，五星连珠总出现在圣人即位的时刻，所以就被后人当成了祥瑞之兆。

既然有了五星连珠是"圣人即位"这一吉兆的说法，有时古人在观测到五星连珠后会感到很为难。比如在唐朝，武则天当政时的公元 690 年曾出现"五星连珠"（我们据现在的知识推算出的），史书却没有记载，估计是司天监观测到了，但怕这天象会让人觉得武则天当政是顺应天意的，所以谁也不提这件事，连后来修史都没有将此事写进去。

古人对五星连珠的预兆还有更灵活的解释，比如司马迁在《天官书》里就认为：五星聚会如果说是祥瑞之兆，那只是对有德的君王而言的，对于无德者，五星聚会反而是灾祸的预兆。

按古书记载，最有故事性的五星连珠在历史上有 5 次："五星聚房，殷衰周昌，五星聚箕，诸弱齐强，五星聚井，楚败汉兴，五星聚尾，安史之乱，五星聚奎，大宋开世。"这几件事恰恰都是中国历史上的重大事件，所以说五星连珠就可串起一段中国历史。

1. 五星聚箕，诸弱齐强

"五星聚箕，诸弱齐强"，则是指春秋时期"齐桓称霸"这一重大历史事件。春秋时期是中国历史的重要转折点。此时周天子的势力越来越衰弱，诸侯国相对独立，互相争夺领土，外部的少数民族乘机入侵。在这种形势下，谁能主沉浮？虽然有些诸侯国比较强大，但没有谁能取代周王室统一中原。这时，齐国首先创立了"结盟称霸"制，以某一国为霸主，统领各国，虚尊周天子，内平纷争、外攘夷寇，保持了民族文化的延续，为之后的统一做好了准备。

齐桓公登上王位

"结盟称霸"制是从齐桓公姜小白开始的。公元前 686 年，齐国的君主齐襄公姜诸儿死了，他没有后代，两个弟弟姜小白和姜纠因为避祸在国外流亡。他们听说哥哥的死信，而且得知君位没人坐，于是立刻回国奔丧——名为奔丧，实际是争夺王位。

那时的游戏规则也很简单：基本上是谁先回去，谁就能做国君。两人各自从自己的避难处出发，快马加鞭往回赶。不料走到一个路口，哥俩狭路相逢。姜纠手下有个叫管仲的谋士，他决定先发制人，于是立刻张弓搭箭向姜小白射去。

不料，这一箭射偏了，仅射中了姜小白的铜质衣带钩。姜小白是个机智又灵敏的人物，他想，既然第一箭没射中，马上就可能射来第二箭呀，于是他大叫一声，咬破自己的舌头吐血倒在车上。管仲老远一看，以为射中了姜小白的要害，就放心地驾车离开，陪姜纠及其随从不紧不慢地赶赴京城临淄（zī）（今山东临淄）。哪知姜小白毫发无损，立刻重订计划，整装从另一条路快马加鞭，率先到达京城登上了王位。

任用贤才管仲

姜小白是历史上少有的一位雄才大略的人物，史称齐桓公。看到各国纷争不断，他决心力挽狂澜。他手下有位一贤臣叫鲍叔牙，鲍叔牙推荐齐桓公请躲在鲁国的管仲来齐国辅佐朝政。齐桓公问："我正想抓他回来，报他射我的一箭之仇呢，你怎么还向我推荐他入朝做官？"鲍叔牙说道："过去的事就别提了，那时大家各为其主，管仲射你正体现了他的精明呢。您若只想治理齐国，那有我就足够了；您若想称霸中原，辅佐您的人恐怕非管仲莫属。"

既然是如此贤才，齐桓公立刻把管仲请来。两人一谈，齐桓公就觉得与管仲相见恨晚。管仲提出了各种治国、称霸方略，讲得头头是道，谈话持续了3天。谈话一结束，齐桓公就任命管仲为相国。

开创争霸先例

当时也有几个国家想到了用"称霸"的方式解决遇到的难题，但他们都是另竖旗帜，不把周天子放在眼里，而且恃强凌弱、惧外欺内。齐桓公与管仲分析了形势，认为不能这样做。管仲提出了"尊王攘夷"的策略，决定竖起周天子这面大旗，在时机成熟时由齐国牵头联合各诸侯国一致对付外族。在齐国内部，管仲在政治、经济、军事上多管齐下。几年下来，齐国国力大增，有了称霸的资本。

虽然有过长勺之战那样的失败经历，但齐桓公锲而不舍，文武并举，在位43年，纠合诸侯26次，北讨山戎，南征荆楚，终于成为中原霸主，开创了春秋争霸、捍卫华夏的先例。齐桓公能称霸，管仲功不可没。孔子曾称赞管仲："管仲辅助齐桓公做诸侯霸主，挽救了华夏。要是没有管仲，我们现在大概都得披散头发，穿左襟衣服了。"

知人善任，坦荡豁达

齐桓公知人善任，不仅任用了管仲，而且任用了宁戚。一天，在巡游各国的路上，齐桓公听到有人唱着古怪的歌："南山岸，白石烂，生不逢尧与舜禅，短褐单衣破又烂。从早放牛直到晚，长夜漫漫何时旦？"歌中分明有一股郁闷不平之气。于是齐桓公停车把唱歌的人叫住，一聊才发现此人是一个隐逸贤才，于是决定聘他为大夫，而且就在路上为他封爵。

左右的人说："大王为何这样匆忙呀？回去再封不行吗？"齐桓公说："贤才难得，我等不及了。"左右的人又说："前方不远就是卫国了，宁戚说他在那里生活过，我们到那儿去打听打听他的为人，再定夺也不迟啊！"您猜齐桓公说什么？他说："有才之人多半不拘小节，你看他那个做派，能指望凡夫俗子们说他的好话吗？我看重的是他的才，所以一定要现在为他封爵！"齐桓公就是这样，一旦看中贤才，连其背景都不去调查。如此坦荡豁达，用人不疑，真是古今罕见。

君临天下，气度不凡

北边的山戎攻打燕国时，齐桓公以盟主的身份亲率大军援助，不但赶走了山戎，还夺得山戎五百里土地。齐军撤走时，燕公对齐桓公说："这五百里土地是您打下来的，就作为齐国的领地吧。" 齐桓公说："那怎么行，这块地和齐国之间隔着燕国，我怎么管理呢？燕国刚刚伤了元气，这五百里地就留给你们吧。"燕公感激得不知道说什么好，一路护送齐桓公，不知不觉过了国界，已到了齐国的领地。按周代礼法，诸侯相送不出境，否则就是严重违礼，于是齐桓公说："我又不是天子，怎能让你送出境呢？这样吧，就此划界，那边的齐地就算是燕国的了！"这么一划，齐国又送了五十里地给燕国。春秋时期，各国之间寸土必争，齐桓公却如此有气度，可见其胸怀之坦荡。

齐桓称霸期间，五星聚于箕。齐桓公于公元前685年—前643年在位，五星究竟何时聚于箕，已不可详考。据推算，公元前661年1月，五星聚在斗、牛之间。

齐桓公胸怀坦荡，用人不疑，难免会被一些极善伪装之人蒙骗。尤其是管仲死后，齐桓公晚年的处境相当无奈，众儿子争夺王位，竟把他软禁起来活活饿死。

齐桓公创"结盟称霸"制后，又有晋文公、秦穆公、楚庄王和宋襄公交替称霸，历史上把他们称为"春秋五霸"。实际上在五霸之中，只有齐桓公姜小白才是货真价实的一代霸主。

齐桓公姜小白与管仲

2. 五星聚井，楚败汉兴

"五星聚井，楚败汉兴"，是史书上第一次特别可靠的关于五星连珠的记载，《天官书》载："汉之兴，五星聚于东井。"《汉书》中也有"（汉高祖）元年（公元前 206 年）冬十月，五星聚于东井。沛公至霸上"的记录。

刘邦是西汉王朝的开国皇帝，泗（sì）水郡沛县（今江苏丰县）人，是中国古代屈指可数的几个出身平民的帝王之一。此人志向远大，豁达大度，聪颖善辩，可谓天生的领导者。他做过亭长—— 乡村里地位极低的小官，无俸禄。国家只分给他一块地，让其自种自收，在其余时间则忙公务，所以后人常稍带揶揄（yé yú）地称他为刘亭长。

汉军至霸上

有一次，沛县县令招待一位远道而来的贵客吕公，全县大小官员都携款前去赴宴陪客。手中一分钱没有的刘邦也泰然入场，并在报到簿上写："亭长刘邦贺万钱。"贺钱不满一千的只能坐堂下，不满一万的入贵宾席，万钱的可上主座，于是刘邦上了主座。他并不为自己没钱而自卑，在席上与县令、吕公等人谈笑自若。吕公发现此人不同凡响，当天就决定把女儿许配给他。

一次，刘邦以亭长的身份押送苦工去骊山为秦始皇修坟。路刚走了一半，苦工就已逃跑了一大半。跑了这么多人，刘邦知道自己把剩下的人送到后也不会有好结果了。他不想愚忠到底，就干脆把没跑的人也都放掉了。

后来，刘邦聚众响应陈胜、吴广，斩蛇起义，自称沛公，又投奔项梁，事业越做越大。他自己并没有太多的谋略，但他能正确判断谋士所提策略可行与否，并且真假并用、软硬兼施，所以在萧何、张良等人的辅佐下，他终于在众多起义军中率先攻进咸阳，推翻了秦王朝，又经过4年的楚汉战争战胜了项羽，统一了中国。

史书记载，汉高祖元年冬十月，"沛公至霸上"，霸上即灞（bà）上，在今西安市东，今称白鹿原。刘邦曾自立为王，屯兵霸上与项羽大军对峙，并发生了著名的"鸿门宴"一事。是时，五星聚于东井。据计算，那次五星连珠发生在汉高祖二年，具体时间是公元前205年5月18日。史官大概没想到后人会推算五星连珠的准确时间，为了让刘邦称王显得更符合天意，便把这次五星连珠的时间往前推了半年。

"五星聚于东井"，东井的分野正应秦地，所以当时人们都说秦灭是天意，预兆着有仁义者要取天下了。据说刘邦进咸阳城后，约法三章，秋毫无犯，可见其头脑之冷静，手腕之高超，与项羽进咸阳抢掠屠城、火烧王宫确实不在一个档次上。

3. 五星聚尾，安史之乱

"安史之乱"是发生在唐朝鼎盛时期的一次社会大动乱。

防御外患的新招

唐朝建国之后，吸取了前朝胡人乱华的教训，特别重视边境的守卫。过去，许多朝代一直采用轮换驻守的兵役制度，现在唐朝改用重兵把守。时间长了，哪来这么多兵，哪来这么多粮呢？于是朝廷又改用招募制，让招募来的兵士在边疆屯垦生产，长期驻守，统兵的将士称为"节度使"，不但有兵权，还兼管地方财政和行政事务。这一招果然奏效，边疆的重兵使外族再也不敢来侵犯了。比如到了天宝元年（公元742年），唐朝全国总兵数达57万多，其中有49万驻守边疆。大唐有了铜墙铁壁，所以几乎没有外患，国内一直社会安定，人民安居乐业。

在唐玄宗李隆基的时期，由节度使控制的地区已有10个。这些节度使为保卫边疆立下了汗马功劳，而且他们自收自支，不用朝廷的钱。也因为天高皇帝远，他们大权在握，即使不怎么听中央的号令，皇帝也只好由他们去——认为只要没有外患，自己家的事就好解决。

新招奏效，皇帝玩乐

李隆基在位长达40多年，长久的安定使他越来越自信，越来越有安全感。到晚年时，想想自己早年励精图治，现在也该回报自己了，于是他把自己的儿媳杨玉环夺来做贵妃，将宫廷之事交给宦官高力士处理，政事交给杨玉环的哥哥杨国忠，他自己则腾出时间尽情玩乐。

就在这时，出现了"五星连珠"的天象。公元 748 年 10 月 1 日，金、木、水、火、土五星都聚于氐、房宿。氐、房的分野正属中原一带，所以有大臣上奏说："只要皇上勤勉为政，替天下着想，和气自然会上通于天，那么'五星连珠''两曜合璧'这类祥瑞之兆，就都很正常了。"李隆基没听出言外之意，想到自己够勤勉的了，便照旧玩乐。

新招终于失灵，战乱爆发

安禄山是平卢（今辽宁朝阳）、范阳（今河北一带）、河东（今山西西南部）三镇的节度使，胡人出身，与宰相杨国忠结怨很深，但深得李隆基喜爱。他看到大唐国内兵力空虚，皇帝不走正道，很想夺过天下、自立为王，又怕不能成功，所以一直在观望。杨国忠则天天去皇帝那儿告状，说安禄山要造反。他也非常盼望安禄山造反，好证明自己告状告得正确。

最终，天宝十四年（公元 755 年）11 月，安禄山与部下史思明在范阳起兵，率 15 万大军向南攻来，打的旗号是"讨伐杨国忠，清除皇帝身边的奸臣"。内地的兵数量少，又几乎不操练，哪里是安禄山的对手？于是安禄山一口气打进洛阳，在洛阳自立为大燕皇帝。

安禄山这人，虽是封疆大吏，但实际只是

唐玄宗与杨贵妃

张献忠一类的人，连王莽都远远不如，他只会带兵杀人，过皇帝瘾。靠着兵强马壮，不久他的先头部队就打败了驻防潼关的唐将哥舒翰，直逼长安。看到长安难保，李隆基决定带着杨玉环、朝廷官员以及卫戍部队向成都方向转移。出城后刚走出一百多里，到了马嵬（wéi）驿（在今陕西兴平），愤怒的兵士不再前进，他们认为，这场灾难全是杨国忠与安禄山两人争斗引发的，只有杀掉祸首之一杨国忠，他们才肯护卫皇帝上路。李隆基无奈，只好同意。杨玉环是杨国忠的妹妹，她虽无直接责任，但杨国忠是因为她才位极人臣的，所以她也是这场祸乱的源头之一，也必须以死谢天下，否则六军不发。李隆基掩面大哭，眼看着自己心爱的妃子被处死。

唐帝国渡过难关，战乱平息

这场灾祸，使李隆基连皇帝也没资格当了，他的儿子李亨在灵武（今宁夏灵武）继位，他成了只挂虚职的太上皇。

为早日平息战乱，许多节度使的部队都被调来讨伐叛军，甚至西域的回纥（hé）、于阗（tián）等民族骁勇的武装部队也被召来，最后终于收复了长安和洛阳。其中回纥出力尤其大，收复这两座城主要是靠他们的力量。朝廷当然不能白用人家的兵，条件是：赶走叛军、进入城中后，回纥人可以在城中大抢 3 天。叛军跑了，百姓还得再经历一场"合法"的浩劫。可想而知，回纥人撤走之后，朝廷的官员还得再来一场地毯式的搜刮，这真是"匪来如梳，兵来如篦（bì），官来如剃"了。

由于安禄山、史思明及其儿子们互相残杀，官军的大力平叛以及人民的武装声援，到公元763年，历时7年多的"安史之乱"终于平息了。

战乱虽然平息了，但安、史部将的势力并没有被完全消灭，其他节度使的权力更是继续膨胀。从此，中央政府不能任免他们的官吏、不能征收赋税，更不能调动军队；节度使的职位不是父子相袭，就是部将继承；而且节度使之间还互相攻伐，颇像春秋时期的诸侯纷争。这就是唐朝的"藩镇割据"。唐朝过分防止外患，结果导致处处内乱，最后唐朝终因内乱而亡。

随着疆域的开发，过去属于偏远地带的幽燕在中国的区位优势越来越突出，"安史之乱"爆发也说明了这一点。所以，以后每当王朝的版图足够大时，多以幽燕地区为政治中心。

知识拓展

史书记载这次"五星连珠"发生在尾宿，尾的分野是幽州，正是安禄山的老巢，正应了司马迁说的"有德受庆，无德受殃"。据计算，公元748年的那次"五星连珠"发生在氐、房宿。另外据推算，公元750年12月，尾宿附近也有五星聚会，但五星离得太远，散在尾、箕、斗各宿间，算不上是"连珠"。看来古人在解释这类事时十分灵活。

诗词赏析

夜泛西湖五绝（部分）

【宋】苏轼

苍龙已没牛斗横，
东方芒角升长庚。
渔人收筒及未晓，
船过惟有菰蒲声。

咏汉高祖

【唐】王珪

汉祖起丰沛，乘运以跃鳞。

手奋三尺剑，西灭无道秦。

十月五星聚，七年四海宾。

高抗威宇宙，贵有天下人。

忆昔与项王，契阔时未伸。

鸿门既薄蚀，荥阳亦蒙尘。

蚍蜉生介胄，将卒多苦辛。

爪牙驱信越，腹心谋张陈。

赫赫西楚国，化为丘与榛。

4. 五星聚奎，大宋开世

我们再讲一个"五星聚奎，大宋开世"的故事。

五代交接，剧情重演

唐灭以后，是中国历史上的五代时期。梁、唐、晋、汉、周（为了与以前的唐、汉等区别，史书在它们的名字前加上了"后"字）在50多年内相继立国。它们前后交接的模式差不多，都是军权不在皇帝手中，皇帝年幼或者懦弱，于是掌军权者发动兵变夺得政权。

后周显德六年（公元959年），周世宗柴荣病死，继位的小皇帝只有7岁。这时，同样的剧情又重演了，主角是军权在握的殿前都点检（皇家禁卫军统领）赵匡胤（yìn）。

赵匡胤生在一个军人世家，他父亲是曾服务于唐、晋、汉、周4代的军事将领。后周时，赵匡胤曾帮助周世宗击败北汉，讨伐南唐，屡建战功，于是后来成为禁卫军统领。

次年正月初一，家家正忙着过春节，突然北面传来了辽人入侵的消息。军情紧急，由于小皇帝懵懂无知，宰相范质作主，命令赵匡胤率军北上抗敌。初三这天，部队出发了，晚上在离首都开封东北四十里远的陈桥驿驻扎了下来。

陈桥兵变

天刚蒙蒙亮，赵匡胤正在帅帐里不安地走动，等待那"光辉时刻"的到来，忽听外面传来一阵嘈杂的声音，还有人高喊："请主帅出帐！"

赵匡胤赶忙走出，见谋士赵普、自己的兄弟赵光义带领一大队将士，聚集在他的营帐前。

"你们……你们要干什么？"赵匡胤平复了一下情绪，厉声问道。

赵普上前说道："回禀主帅，在下昨日夜观天象，发现金、木、水、火、土五星聚于奎宿，这是百年罕见的天象。昔日武王伐纣，五星聚于房，高祖立汉，五星聚于东井，如今宇内纷乱，天下不安，正是无德让有德之时。我们全体将士，愿听主帅号令，拥戴主帅为天子。"

"放肆！"赵匡胤喝道，"本帅受先帝重恩，辅佐幼主，岂能拥兵自立，辜负先帝之托？"

"兄长此言差矣，"赵光义上前说道，"岂不闻孟子云'社稷为重，君为轻'，如今五代交替不已，豪强割据一方，百姓不能安居，皇上年幼，大周气数已尽，若再让无德者得天下，定会民不聊生……来人！"赵光义向后一挥手，他身边的两个将士立刻拿出一件袍子——皇帝穿的黄袍。那两个将士走到赵匡胤的身后，每人拉着黄袍的一边，要将黄袍披在赵匡胤身上。赵匡胤象征性地躲闪了一下，忽然喝道："且慢！"

"听我说，"赵匡胤的声音很平静，"我明白大家的一番心意。只是，如果要我披上黄袍，各位必须接受我的条件。"

"什么条件？主帅请说。"赵普和赵光义异口同声。

赵匡胤说："第一条，谁也不许伤害皇上、太后和朝中大臣；第二条，进入京城时，应纪律严明，谁也不能骚扰百姓。违抗命令的，斩！如果

陈桥兵变

大家听令，事成之后，自然重重有赏。"

赵普转过头来问众将士："各位愿意听从陛下的命令吗？"

"愿意！"众将士声音如雷。

赵光义向那两位拿着黄袍的将士使了个眼色，他们立刻把黄袍轻轻披在赵匡胤的身上。

"皇上万岁！"大家一起喊了起来。赵匡胤拥兵回了开封，轻轻松松就让后周的小皇帝让出了宝座。赵匡胤即位，建国号宋，史称"北宋"。这就是历史上有名的"陈桥兵变"。

杯酒释兵权

后来，宋成了显赫的"大宋"，没有成为"后宋"，也就是说，没有像前五代那样上演若干年后让人拥兵取而代之的剧情。赵匡胤是怎么做到的呢？平定天下之后，有一天，赵匡胤把几个手握重兵的禁军大将招来喝酒。酒过三巡，赵匡胤忽然感叹道："当皇帝也真不容易呀！有一件事愁得我夜夜睡不着觉。"

将军石守信说："陛下，如今四海安定，天下太平，还有什么事令您这么愁呢？"

"你想，"赵匡胤说，"如果'陈桥兵变'再次发生，那该怎么办？"

"不可能，"另一位将军王审琦说，"陛下，我们个个忠心耿耿，绝无二心。"

赵匡胤严肃地说："这我相信，可是如果你们手下的人贪图富贵，硬把黄袍披在你们身上，你们拒绝得了吗？"

几个将军看着皇帝的脸色，幡然醒悟，顿时觉得周围杀机四伏。石守信等离席跪下，齐声说："请……请陛下给我们指一条生路。"

这时赵匡胤的脸色温和多了，他说："人生在世，所图无非'富贵'二字，我给你们每人一大笔钱，你们去买房置地，退休养老，享受天伦之乐，我们互不猜疑，不也很好吗？"

过了几天，赵匡胤就剥夺了这些人的兵权，让他们退休养老去了。

这是个非常明智的做法，赵匡胤自掌兵权，终于避免了宋王朝像前面几个朝廷那样短命，所以《水浒传》开篇的两句诗就是"纷纷五代乱离间，一旦云开复见天"。俗言道"太平本是将军定，不许将军见太平"，但赵匡胤没有用杀戮功臣的办法来捍卫自己的权力，而是采用温和的办法，为后世开了一个好头，史称"杯酒释兵权"。

但是，随着时间的推移，赵匡胤的做法走向了极端：代代皇帝自掌兵权，国内确实没了节度使造反的内乱，但军队尾大不掉，军令迟滞，军备废弛，因此外患不断。由于北方辽、金、元的压迫，北宋南迁变南宋，最终的结局是唐因内乱而灭，宋因外患而亡。

不过，五星聚奎并不是"陈桥兵变"那天发生的。《宋史·天文志》记载："乾德五年（公元967年）三月，五星如连珠，聚于奎、娄之次。"这个记载是无误的，因为据现代方法推算，这年的4月16日黎明，五星在双鱼座均匀地排成一条直线，相距12度以内。不过这时已经是赵匡胤夺得政权7年之后了，因为迟到了7年，史书没敢把它的发生时间改到"陈桥兵变"那年。

5. 五星聚张，天京陷落

清朝时，还有一次很值得一提的五星连珠。这次五星连珠与曾国藩围剿太平军的故事有关。1851 年，洪秀全在广西金田起义，建立"太平天国"，开始向北进军。清军疲弱无力，一触即溃，被洪秀全一直打到长江边。

曾国藩组建湘军

曾国藩字伯涵，湖南湘乡人。他多谋善断，善于审时度势，谨慎圆滑又敢于冒险。1852 年，他正在家乡为母亲守孝，见太平军北上横扫湖南湘江流域，清廷的正规军不能阻挡，于是在家乡招募勇士，将其编练成一支军队，称湘军。湘军的将领都是曾国藩的同乡或亲友，士兵均由军官们自己招募，只服从自己的军官，从下到上层层隶属，而全军高级将领只服从曾国藩一人。这让人想起唐朝的节度使和 20 世纪的军阀。

率领着自己组建的湘军，他开始了剿灭太平军的事业。曾国藩有极为执着的性格，失败了，他就回头集结部队，重新操练；打胜了，朝廷怕他功高震主，夺去了他的实权，他就韬光养晦，静待时机。打了败仗后，他向皇帝上奏，说自己"屡战屡败"，一个幕僚建议他改为"屡败屡战"，他大为欣赏，说："这才道出了真实的我。"

借五星连珠攻克安庆

后来，清军主力几乎被太平军彻底打垮。朝廷只好全权委托曾国藩的湘军来对付太平军，授给他兵部尚书、两江（江苏、安徽、上海、江西）总督职位。这时，太平军首领开始倒行逆施，对内互相残杀，对外蹂躏（róu lìn）百姓，因此力量一天比一天弱，曾国藩的湘军终于占了优势。

1865 年农历八月初一，钦天监上奏同治皇帝，说日、月及水、火、土、木四星在张宿，金星在轸宿，都聚在 30 度之内，这是日月合璧、五星连珠的天象。同治皇帝听了这个消息，不由得一阵心焦，因为曾国藩正在前线与太平军打得难分胜负，也不知这五星连珠代表的是福还是祸，是应在大清、太平天国，还是应在曾国藩身上。

正当他坐立不安时，快马送来捷报，曾国藩的弟弟曾国荃在八月初一攻克了太平天国的重镇安庆（今安徽安庆）。同治皇帝十分高兴，原来五星连珠预兆了大清的中兴。又过了几个月，太平军的老巢天京（今江苏南京）也被攻克了。

"五星连珠"的时间可以推算

实际上，曾国藩、曾国荃早就做好了攻城的准备，七月时湘军就可以攻克安庆。但曾国藩得知钦天监算出八月初一有日月合璧、五星连珠的天象，就打算等到这一天再发起总攻。这样，下有勇敢的湘军战士，上有五星聚合的天象，曾家的事业岂不是天命所系！

由此可见，人们在掌握了行星的运行规律之后，五星连珠这一天象的神秘感就大大降低了。

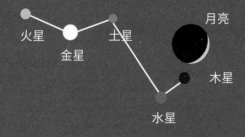

预计发生在2040年9月的"五星连珠"

第七章

仰望天河的遐想

银河是星空背景下的一条白茫茫的光带。它虽然不是星座，但它与星座的位置保持不变，说明它也是与恒星类似的一种天体。现在我们知道，它是由无数恒星组成的，因为这些恒星太远、太小、太密，所以用肉眼看起来是银白色的一片。古人不知道它是什么，就把它想象为天上的一条河，称"天河"或"银河"。

太阳系实际上也在这条天河里面。这条天河现在的名字叫银河系，它是一个由上千亿颗恒星组成的巨大的恒星集团。由于它在缓慢地转动，于是形成了一个扁扁的铁饼样的形状。太阳就在这个"铁饼"里面稍靠边的一侧，而我们也只能从里向外看银河系，这样看到的就是环绕天空一圈的银河。

我们在银河系里面看银河

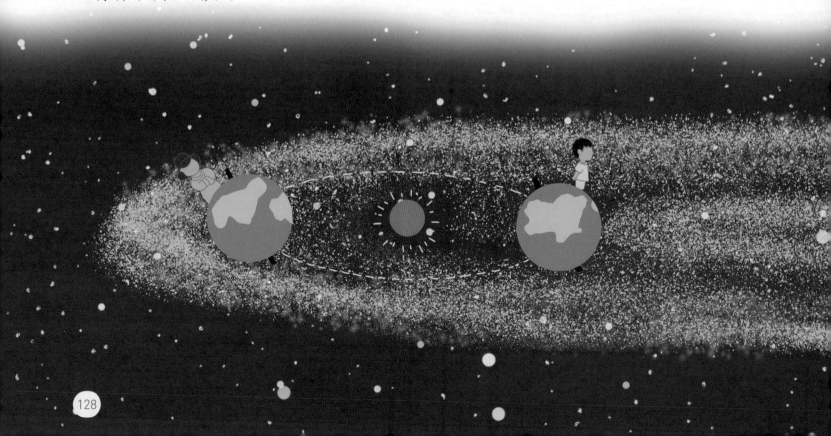

银河有的地方宽，有的地方窄。夏天的傍晚，我们看到的银河又宽又亮，因为此时我们看到的正是银河系的中心，箕、斗宿（人马座）正在银河系中心；冬天看到的银河较窄较暗，因为此时我们看到的是银河系边缘。银河在有的段还分出了"支流"，这是巨大的尘埃云把后面的星光遮住的结果。民间有"天河分岔，单裤单褂；天河调（diào）角，棉裤棉袄"的说法（"调角"指银河横向西北方向），就是指在不同的季节能看到银河不同的样子。

关于银河的故事，最著名的可能就是牛郎织女。下面我们就来讲一讲与银河、牛郎织女有关的故事。

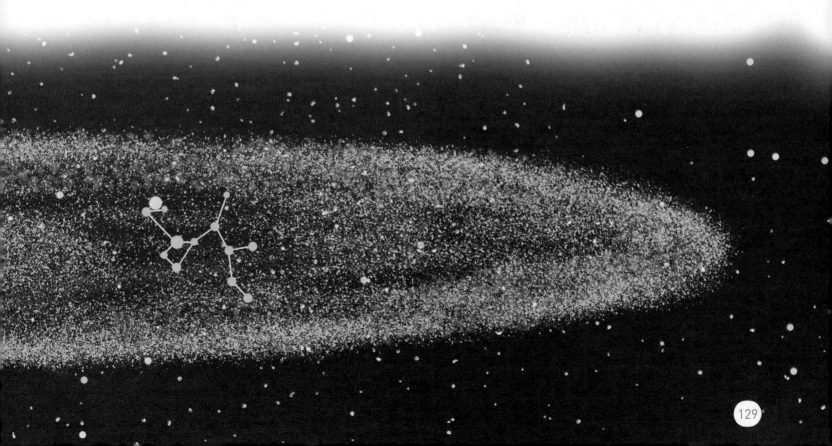

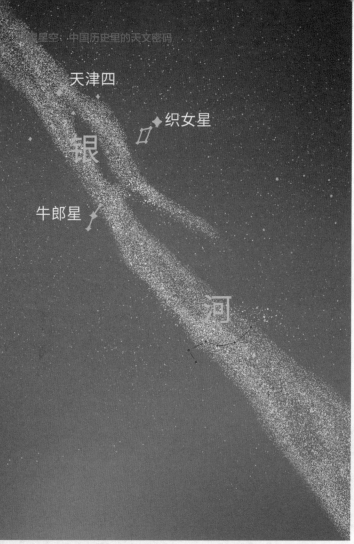

银河里的牛郎星、织女星

1. 牛郎织女的故事

初秋的傍晚，我们在头顶附近的空中可以看到一颗很亮的白色星星，这就是织女星，它在银河的西岸；从织女星朝东南跨过银河，可以见到 3 颗星大致均匀地排在一条线上，中间的一颗很亮，它就是牛郎星，又叫牵牛星，它在银河东岸，与织女星隔河相望。

隔河相望的这两颗星，与牛郎织女的故事有关。

织女是天帝和王母娘娘的外孙女，她十分漂亮，每天都和姐妹们在机房里织天衣。织女手很灵巧，她织的天衣又多又漂亮，深得天帝和王母娘娘的喜爱。

人间有个穷孩子叫牛郎，因为父母双亡，只好跟着哥嫂过日子。哥嫂把他看作负担，很不喜欢他，白天让他放牛，晚上让他睡在牛圈里。牛郎长大后，哥嫂认为他应该自立了，就分给他一头老牛，让他自立门户。

牛郎只好牵着老牛寻找落脚点。他来到一处山脚下，见这里有荒地可以开垦，就搭个小茅棚住下，开始开荒。他日夜跟老牛生活在一起，与老牛相依为命。一天，老牛忽然开口对牛郎说："明天有仙女到山后的池塘里洗澡，你可以把其中一个留住做你的妻子。"

第二天，牛郎半信半疑地来到山后的池塘边，等了一会儿，果然发现 7 个仙女飘飘悠悠地从天上朝这里飞来。他急忙躲进树丛里。仙女们在岸边脱了衣服，跳入池塘洗起澡来。

这时，牛郎想，怎样才能留住一个呢？他悄悄地从树丛里跑出来，看岸边放着仙女们的衣服，其中一件白色的织得最精细，他想它的主人一定手最巧，就把它带走藏了起来。别的仙女洗完澡后相继上岸，穿上衣服飞走了。只有织女找不到自己的衣服，急得在池塘边直哭。

牛郎织女隔河相望

131

牛郎托着白衣裳来到织女身边，抱歉地说："衣裳在这里，请穿上吧！"然后牛郎向织女诉说了自己不幸的身世，请求织女做他的妻子。织女同情牛郎的遭遇，见他朴实憨厚，便害羞地答应了。

牛郎织女结为了夫妻。从此，他们男耕女织，日子过得很美满、富足。不久，他们生下了一双儿女，小屋里更是增添了许多欢乐。

天上一日，人间一年。不久后，天帝和王母娘娘知道了这件事，非常气恼，立即派天神去捉回织女问罪。天神来到牛郎家，硬是把织女带回了天上。

这时，老牛对牛郎说："我快要死了。我死后，你剥下我的皮，踩着它，就可以追上织女。"说完老牛就死了，牛郎哭着剥下牛皮，然后用箩筐挑着儿女，踩着牛皮飞上天去。织女见丈夫追来，挣脱天神，向牛郎和儿女飞去。王母娘娘见此情景，更生气了，她拔下玉簪在空中一划，牛郎织女之间立刻出现了一条天河。

波涛汹涌的天河把他们二人隔开，河上既无桥也无船，两人只好站在两岸遥遥相望，谁也不肯离去。王母娘娘也觉得自己做得有些过分了，就允许他们每年七月初七相会一次。

据说，每年七月初七夜，会飞来无数的喜鹊，在天河上搭起一座鹊桥，牛郎织女一家人在这一夜可以登上鹊桥团聚。

我们再看看牛郎星和织女星。织女星的前边有 4 颗小星，其连线是一个四边形，据说这就是织女织布的梭子；牛郎星前后的两颗小星，就是他们的两个孩子。牛郎星除了叫牵牛星，还有许多名字，如民间叫它扁担星、石头星，它正式的星名叫河鼓二，是前面讲过的北方战场中的一面军鼓。

知识拓展

古诗文中经常出现"牛女"一词，一般都是指牛郎星、织女星，如"牛女二星河左右，参商两曜斗西东"，有时也指二十八宿的牛宿、女宿，这就需要我们根据具体情况去辨别其含义了。

每年农历七月初七的夜晚，这两颗星恰好在我们的头顶的空中，所以古人安排他们在这时相会。初七那天的月相正是上弦月，淡淡的月光正好遮盖了银河的光辉，善良的人们便想象鹊桥已经搭好，牛郎织女可以相会了。

2. 七夕乞巧节的来历

七月初七，后来又演化成了乞巧节。由于牛郎织女的故事深入人心，织女就被人们当成了天神中巧妇的代表，许多女孩都希望能够通过祭拜织女星使自己变得手巧。这样，若选一个有象征意义的日子来祭拜织女，最合适的日子当然是七月初七了。所以在牛郎织女的故事产生以后，七月初七就成了乞巧节。

七夕乞巧

供瓜果乞巧

最早的乞巧方法是在七月初七这天晚上，女孩们把瓜果摆在院子里，第二天早起，如果发现有蜘蛛在瓜果上面结了网，说明乞巧成功，网织得越密，说明乞来的巧越多。据《开元遗事》记载，前面我们提到的唐明皇李隆基，就曾在七夕晚上与杨贵妃在华清宫把瓜果摆放在庭院的案头上，并让人拿来蜘蛛，放在小盒里，搁在瓜果边。李隆基和杨贵妃抬头观察着天顶的牛郎星、织女星，先感叹牛郎织女不自由，一年才相聚一次，然后得意自己可以天天与心爱的人在一起，最后指星发誓，愿来世再做夫妻。李商隐的诗"此日六军同驻马，当时七夕笑牵牛"正表现了李隆基在那年七夕和后来在马嵬驿时的境况的对比。

拜七姐神乞巧

乞巧的花样还有很多呢！有些地方的人们认为织女是七仙女中最小的一个，故称之为七姐神。七夕的晚上，年轻女子们穿上最漂亮的衣裳，聚在一起对着织女星唱："天皇皇地皇皇，俺请七姐姐下天堂。不图你的针，不图你的线，光学你的七十二样好手段。"这叫拜七姐神。有的地方还要扎一个稻草人，并为它穿上花衣，取名巧姑，放在神龛（kān）里用瓜果供奉。

看水中影乞巧

有的地方的风俗是在七夕这天，将属阴的井水与属阳的河水一起放在盆里，制成"鸳鸯水"，然后姑娘们轮流把绣花针轻轻放在水面上，再观看映在水底的针影，这样就可以知道自己是否得巧。还有的地方每个姑娘都从家里端来一碗清水，把豆苗、青葱剪碎放入水中，看它们映在水底的影子，据说这样就可知道姑娘的巧拙。有的地方则直接用脸盆接取七夕夜的露水，人们认为那是牛郎织女相会时掉的眼泪，把它们抹在眼上和手上，可使人眼明手快。

比赛穿针乞巧

在古代，女孩的手巧不巧主要体现在针线活上，所以后来乞巧最普遍的活动是比赛穿针。有人还发明了专门用来乞巧的有 7 个针眼的乞巧针，女孩们在七月初七的月光下，用彩线穿乞巧针，穿过的，就是得巧了，会受到大家的尊重。因为穿针活动的普及，有时乞巧节又被称作穿针节。

地上的女孩们都在这样虔诚地忙活，那么天上的织女顾得过来吗？明代《三言二拍》一书说得有趣："织女盼与牛郎相会盼一年了，好不容易在七夕见面，短短的几个时辰正忙，哪有闲功夫到人间送巧？"

知识拓展

到唐代时，过乞巧节的风俗已经流传到了各地，盛极一时。这个节日简直成了中国传统的妇女节，因为乞巧者主要是年轻女子，所以又称作女儿节。近年来因为西方情人节盛行，牛郎织女这一对情人在七夕相会，所以七月初七又成了中国的情人节。

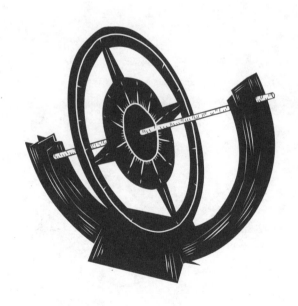

诗词赏析

古诗十九首·迢迢牵牛星

汉

迢迢牵牛星，皎皎河汉女。
纤纤擢素手，札札弄机杼。
终日不成章，泣涕零如雨。
河汉清且浅，相去复几许？
盈盈一水间，脉脉不得语。

3. 蜀人浮槎探银河

　　还记得前面"丰城剑气冲斗牛"故事里的主人公张华吗？在那个故事中，我们曾提到了他写的《博物志》。这是一本很有趣的志怪故事集，其中就讲到了一则有人乘筏子上天访问牛郎的故事。

　　这个故事大致是这样的。住在海边的一些人经常注意到，一到八月，就会有一些大筏子 [古代叫"浮槎（chá）"] 在海面驶过，而且还特别守时，每年八月都会出现。蜀地（今四川）有一个人很有探险精神，他想，"这些大筏子到底是上哪儿去的？它们能年年安然无恙，我何不也这样去探险一回？"于是这人也

蜀人浮槎探银河

做了一个大筏子，在筏子上盖了间小屋遮风避雨，又带上足够的粮食，就乘着这个筏子出海了。

走了10多天，他知道自己还在海上，因为可以看见日月星辰出没，能分辨白天黑夜。再后来，走着走着，周围白茫茫一片，令他分不出昼夜。又走了10多天，他忽然发现了"新大陆"：前边是一处陆地，遥望有一座城池，楼台亭阁整齐壮观。

他想：这是人间还是仙境？我何不走近看个明白。于是他驶进了一条河流，这条河流恰从这座城池中穿过。他发现，右岸有一座豪华的宫殿，从窗口向里望去，只见一个衣着华丽的女子在那里织布；再瞧左岸，那里站着一名青年男子，他手里牵着一头牛，正在给牛饮水。乘筏人上前正要搭话，牵牛人先惊讶地询问这个远方来客了："你是从哪儿来的？" 乘筏人简略地解释了自己寻险探奇的志向和经历，问："这是什么地方呀？" 牵牛人避而不答，只说："你回去后，问问你们蜀地的严君平就知道了。"

乘筏人觉得这个地方有点儿诡秘和蹊跷，便没有上岸，也不再逗留，掉转筏子驶上归途，正好在次年八月，他沿着固定的洋流又回到了出发的海边。为了彻底解开这个谜，他回到蜀地后几经周折，终于找到了那个叫严君平的人，并把这件事的经过告诉了他。严君平是一位著名的星占家，他翻开自己的备忘录，找了一会儿，说："我这儿有记录：某年某月某日，有客星犯牵牛。"

乘筏人一对日子，发现正是他和牵牛人说话的那一天。他这才彻底明白，原来他驾浮槎出海之后，最后驶入的那条河流是天河，两岸的城池都是天宫，那宫里的织妇正是织女星，水边的牵牛人则是银河岸边的牵牛星。而他自己在那一刻，变成了一颗冒犯牵牛星的客星，被地面的严君平观测到了。

这个故事一直被后人传颂，因为它不同于那些主人公到异域寻求财宝或爱人的故事，这个故事的主人公纯粹只是为了满足自己的好奇心，而且他在整个过程中没有任何神奇力量相助，所以我们可以把它当作一则古代的科学幻想故事。浮槎即"漂浮的船筏"，相当于现代的飞船，和今天人们用以遨游宇宙的工具是相通的。

> **知识拓展**
>
> 现代还有人把这个故事解读为古代星际旅行的记录：浮槎即UFO，蜀人是一位航天员。古代的航天员从地球出发后，10多天内仍在太阳系中，所以可以分辨昼夜，飞出太阳系后就不能分出昼夜。他飞到牵牛星后，被地面上的学者严君平观测到，所以说"有客星犯牵牛"。这一解读颇有点儿现代神话的味道。

4. 张骞与支机石

张骞获赠支机石

在这个故事之后，又出现了一个张骞乘筏子到银河的故事。

从上一个故事中我们可以看出，古人明白天上的银河并不是一条内流河，而是与大海相通的，人们只要从海边出发向东航行，最后就能到达银河。那么向西呢？西面多是山地和高原，未知的东西太多了，也只能先由探险家去一探究竟了。

汉代出现了一位著名的探险家张骞，他曾多次出使西域。据说他有一次奉命去往西域的大夏国时，也做了一个大筏子。他乘筏子沿黄河上溯，这样一是可以省一些力气，二是有利于找到黄河的源头。

他撑着筏子走了几个月，不但没找到黄河的源头，反而发现黄河越来越宽，越来越清澈。后来他到达了一个城郭，那里楼台错落，街道规整，有河水从城中流过。

于是他好奇地将筏子撑了进去，只见河的右岸有一男子牵着一头牛，牛正把头探入河中饮水；对岸有一位美丽的女子在洗衣服。

张骞靠近那女子，问："请问这是什么地方？"女子没有卖关子，爽快地答道："这里是天河呀！你是从人间来的吗？"张骞回答："是呀，我走了好几个月，真不容易。"他见那女子身边有一块石头，形状和颜色都是他在人间没有见过的，就问："这是什么石头？"那女子说："这叫支机石，你要是喜欢，就送给你好了。"张骞接过石头一看，原来这是织布机上压布匹的石条，便惊喜地说："噢，我知道了，你是织女！"那女子点了点头。

张骞访严君平

张骞在城中游历了一圈之后，就寻回原路，沿黄河顺流而下，返回了中原。他早就知道蜀人浮槎探银河的故事，因为他的遭遇与蜀人的那次经历很相似，为了一探究竟，他也来到蜀地，想找严君平问问。

张骞找到严君平后，严君平拿着这石头端详了许久，他说不清是什么，只是问："据我的天象记录，去年八月有客星犯牛、女，是不是阁下干的？"正说着，严君平失手将石头掉在了地上。这时，一件惊人的事发生了：这块支机石突然变大，化作一块六七尺高、门板一般宽的巨石。

巨石就这样一直待在原处，严君平也不敢移动它。后来一个叫东方朔的人偶然路过这里，他见多识广，一下子就认出了这块石头："这是天上织女的支机石，怎么到这儿来了？"于是严君平向他讲了张骞探险的经过，东方朔听后啧啧称奇。从此，人们就把这块支机石当作神物崇拜。

诗词赏析

颂古十七首·其十一
【宋】释大观
客泛灵槎犯斗牛，
银河碧海暗通流。
昆仑推倒无依倚，
万里长空一样秋。

浪淘沙九首·其一
【唐】刘禹锡
九曲黄河万里沙，
浪淘风簸自天涯。
如今直上银河去，
同到牵牛织女家。

❦ 支机石留存至今 ❦

严君平去世后，那块支机石仍然在他的卜肆旧址挺立着。人们为了保护这块石头，在上面建起了"严真观"，支机石则成了镇观之宝，一直陈列在里面。据记载，它"高与人齐，略带青紫"，并被刻上了"支机石"3个大字。

到了清代，严真观早已因年久失修而被废弃，但支机石还在，而且依然常有人来它面前焚香祈祷。1958年，这块石头被移到了成都文化公园的一座小山上，人们为它建了一座飞檐翘角的亭子并罩以玻璃保护。这块石头确实与众不同，过去曾有人怀疑它是陨石，但据学者研究，它可能是古蜀人祭祀用的石头。

❦ 后人的缅怀与演绎 ❦

张骞上溯黄河探险、带回支机石的故事，深受后人喜爱，元代和清代的剧作家还多次把它编成戏剧作品，如《张骞泛浮槎》《星汉槎》《支机石》等。

看来，《博物志》里的蜀人与张骞，一个是东渡大海探险，另一个是西溯黄河寻奇，结果都到达了银河，其经历颇有东西两面环（天）球航行的味道。

张骞与支机石这个故事，古代有很多诗词都提到了，比如唐代李商隐的《海客》："海客乘槎上紫氛，星娥罢织一相闻。只应不惮牵牛妒，聊用支机石赠君。""海客"指张骞，"紫氛"指天界，"星娥"是织女。整首诗是说，织女竟不怕牛郎嫉妒，与张骞聊了半天，还把支机石赠给人家了。

也有人这样写："如何不觅天孙锦，只带支机片石还？"意思是说，既然你都见到天孙织女了，为什么不带点儿天上的织锦回来，也好赚一笔，怎么只带回一块石头呢？此人的见解有点儿像西方探险家的想法，即探险以发财为主要目的。